12

全国高等院校统编教材·设计学类专业

青岛理工大学名校工程专业建设与教学改革项目
创新课程体系重点建设教材（MX3-072）
基于Hall三维结构的产品设计专业校企合作培养应用型创新人才模式研究（MX4-060）

产品设计**手绘表达**（第2版）

HAND-PAINTING ON PRODUCT DESIGN (2nd Edition)

朱宏轩　于心亭　赵　博／著

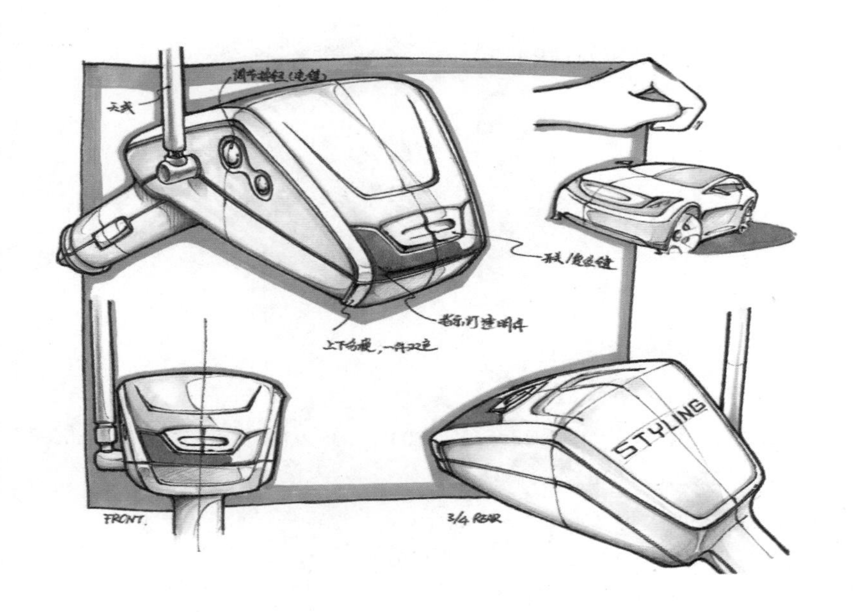

海洋出版社
2016年 · 北京

内 容 简 介

本书根据工业设计专业人才培养要求进行编写。

主要内容：本书为高等院校工业设计专业的教材，能够让学生全面了解产品设计的表现技法，贯穿实例展示。

本书特点：书中时刻强调正确的手绘作用观，要注重手绘记录设计过程：构思—概念的生成—方案细化—精细图表达，整个过程体现实例产品的设计思维过程。并结合该实例进行设计表现技法讲解。这样就使手绘技法和设计构思过程完美结合到一起。

读者对象： 高等院校设计专业学生。

图书在版编目(CIP)数据

产品设计手绘表达/朱宏轩，于心亭，赵博著.—2版.—北京：海洋出版社，2016.10

ISBN 978-7-5027-9592-4

Ⅰ.①产… Ⅱ.①朱…②于…③赵… Ⅲ.①产品设计－绘画技法 Ⅳ.①TB472

中国版本图书馆CIP数据核字（2016）第250302号

总 策 划：邹华跃
责任编辑：张鹤凌，张罂嫘
责任校对：肖新民
责任印制：赵麟苏
排 版：申 彪
出版发行：海洋出版社
地 址：北京市海淀区大慧寺路8号（707房间）100081
经 销：新华书店
技术支持：（010）62100057

发 行 部：（010） 62132549（010）68038093
总 编 室：（010）62114335
网 址：www.oceanpress.com.cn
承 印：北京朝阳印厂有限责任公司
版 次：2017年1月第1版
2017年1月第1次印刷
开 本：880mm×1230mm 1/16
印 张：9.75
字 数：200千字
印 数：1～4000册
定 价：48.00元

本书如有印、装质量问题可与本社发行部联系调换。
本社教材出版中心诚征教材选题及优秀作者，邮件发至 hyjccb@sina.com

前 言

《产品设计手绘表达》初版于2010年，2012年被山东省评为优秀成果三等奖，并被多家高校推荐使用。面对日新月异的中国工业设计、创意产业和国际工业设计理论及实践发展，书中很多内容已不再适应当下工业设计的发展趋势和教学应用的要求，因此决定除旧布新，提升本书的水平和层次。同时，本书被列为青岛理工大学“名校工程创新课程体系重点建设教材”，也是教改项目“基于Hall三维结构的产品设计专业校企合作培养应用型创新人才模式研究”的教研成果之一。

《产品设计手绘表达》（第1版）的内容侧重于基础的流程讲解，针对某个重要技法的深入分析和演示比较欠缺。在第2版的编写中，根据近年来在实际产品手绘教学实践中遇到的问题，并结合所总结的教学经验，对书中的演示案例和课堂范例进行了精心的整理和修改，针对时下产品设计热点和重点推出了大量全新演示案例，重点突出创意与技法结合的灵活表达。

创造能力和设计构思表达能力是一位优秀的设计师应该具备的基本能力。设计手绘表达是设计师创意的最直接和实用的表现工具，设计师通过手绘，把设计师头脑中的灵感挖掘实现，一步步形成清晰的形态图形。

随着社会向前发展，设计领域的竞争日益激烈，这就要求当今的设计师们出好方案、多出方案、快出方案。计算机绘图技术的快速发展，使很多设计初学者对设计手绘表现缺乏正确的认识。手绘构思草图作为计算机效果图制作的前期构思表达方式是十分重要的，手绘表达是记录设计思维的最佳手段，也是设计师表达创意的设计语言。只有好的创意而无法正确清晰地表达是做不好设计的，设计师一定要用图来说话而不是单单用嘴来介绍设计构思。手绘可以融入一个人的设计情感，而这些机器是无法做到的。手绘体现了设计者的素质，手绘技能的高低无疑也是衡量设计者设计能力高低的重要标准。

在学习产品设计手绘表达的过程中，要注意几个原则：第一，采用的表达方法要针对不同的设计内容来进行，表达的方式应该以准确、方便为准则；第二，通过不同技法的训练，要不断总结出适合自己习惯的方式来进行表现，以能准确、清晰表达设计构思为最高准则；第三，要把表现技法与艺术创作相区别，要重视手绘表达的解释说明作用，要有合理、动人的内容；第四，产品设计手绘表达没有绝对的方法，只是针对基本方法进行的总结和创新，并不总是按固定模式进行，人们在使用技法时总能产生个性化的独立创造的部分，根据产品造型特点不同、创意方向不同要适时调整技法表现方式，也就是要灵活运用技法，做到“心手合一”，这样工业设计表现才能产生它本该有的辅助设计构思的积极作用。

第2版的内容更加重视各个章节之间的关系，强调手绘训练内容的延续性、阶段性。通过不同章节的表现技法讲授与课程实践训练，使读者有意识培养严谨而准确的造型能力和表现方法，同时也借鉴和改进了一些社会手绘培训机构的最新训练方法，以便帮助读者创造出能充分表达设计本质的产品设计作品。

全书以文字和图片的形式，系统地讲述了工业设计中产品表现技法课程所涉及的内容，详细地讲解了基本功的训练过程及各种不同的表现技法、绘制方法和绘制步骤，使学生更容易学习和掌握，修改后的内容融入了相当数量的针对不同类产品的示范作品，尤其是在第6章设置了构思过程的讲解方式，可以使读者感性地了解表现技法创作的各个步骤与细节，使一些原来看上去高深莫测的作品表现技法，通过具体的分析与分解，变得明晰和易于掌握，并能清晰地看到设计者的创作过程。所以，本书在教与学上的可操作性是本书内容上的又一特点。即使是非艺术专业的学生，也可以通过本书来学习相关的设计表现技法。本书还创造出一系列的手绘训练新方法和新技巧，能够帮助读者的手绘能力在短期内得到迅速提升。

编　者

2016年6月于青岛

目 录

第1章　产品设计手绘表达概述

教学目标

通过理论介绍，让学生了解手绘的作用以及意义，了解手绘表达的最新发展趋势，掌握手绘图表达的特点，并能运用正确的学习方法进入到手绘的训练中。为下一步的技法学习打下理论基础。

建议学时

4学时，其中理论讲授为3学时，课程习题讨论为1学时。

工业设计是依据市场需求对工业产品进行预想的开发设计。通过对市场的分析，对预想的工业产品从形态、色彩、材料、构造等各方面进行的综合设计，使产品既具有使用功能满足人们的物质需求，又具有审美功能满足人们的精神需要。好的工业设计使产品最终能实现人—产品—环境等各方面的协调。在产品的研发过程中，设计方案需要经过反复推敲和论证，不断进行修改，产品手绘构思图就肩负着最初这种评价的重任，所以手绘图就应该具有能充分体现出新产品的设计理念的作用；能够体现设计者的设计意图，体现沟通交流的功能；能体现新产品在使用功能上的创新性和在满足精神功能上的审美性。

手绘不只是一种表现手段，手绘能力的训练也不能只停留在单纯的技法研究上。学习手绘的目的是体现设计的本质，为创意顺利进行而服务。手绘表达既体现着设计者对产品的感性形象思维，同时也反映着设计者理性的逻辑思维。设计者不仅担任产品的审美主体角色，也肩负着形态创造、工程分析乃至市场前景预测的任务。

传统的手绘训练中只强调了准确的造型能力，甚至还只是停留在对已有产品的模仿上——这显然是不够的。设计训练中强调手、脑、眼的相互配合，达到心手合一。产品手绘表现教学是通过培养学生运用眼、脑、手三位一体的协作与配合，达到对产品形态的直观感受能力、造型分析能力、审美判断能力和准确描绘能力的训练。

1.1 产品设计手绘表达的意义

当前，一些设计工作者对计算机辅助设计表达的认识存在着一些误区，过分强调计算机绘图的重要而忽视手绘设计表达能力的培养和提高。

计算机辅助设计的确对产品设计表达有很大帮助，但画图的最终目的不在于表现图本身如何，而是如何更好体现设计师的设计意图。手绘设计表达是计算机辅助设计表达的基础，是设计师获得设计能力的重要前提，因此手绘图的训练更应受到重视。通过训练可以培养审美能力、敏捷的思维能力、快速的表达能力、丰富的立体想象力等。图1–1为设计师通过徒手绘制草图表达设计创意。

图1–1 汽车手绘草图

美国建筑大师西萨·佩里曾说过，“建筑往往开始于纸上的一个铅笔记号，这个记号不单是对某个想法的记录，因为从这个时刻开始，它就开始影响到建筑形成和构思的进一步发展。一定要学会如何画草图，并善于把握草图发展过程中出现的一些可能触发灵感的线条。接下来，需要体验到草图与表现图在整个设计过程中的作用。最后必须掌握一切必要的设计和学会如何察觉出设计草图向我们提供的种种良机”。

设计手绘图目的在于探讨、研究、分析、把握大的设计方向以及功能上大的设想，造型上寓意的表达、色彩的搭配、结构的连接方式、材料的使用等。计算机辅助设计表达则是在此基础上去拓展这些方面的可能性，并协调它们的相互关系。根据设计构想草图提供的数据，对设计构想草图有限的几个角度的图形进行立体的创造，并通过三维空间运动来观察各个方位、角度,以修正平面中的不足、确立设计与使用功能、结构方式与材料加工、整体与局部等，使它们之间处于一种相对的最佳状态。手绘图训练中应充分挖掘手绘表现图能够快速表达构想这一突出特点，改变以往过于注重各种技法的训练，而不注重设计速写和快速表现练习训练的习惯。手绘表现是设计师以最快的速度表达设计思维、设计想象、设计理解的最有效的表现手法，是产品设计师必须掌握的一项重要的基本功。如图1–2、图1–3所示，设计团队的成员经常通过草图来进行沟通和推敲方案。

图1–2　手绘表现

图1–3　设计人员通过草图进行沟通

1.2　产品设计手绘新趋势

1.2.1　手绘训练与创造性思维的结合

创造力是设计专业学生应该具备的素质，也是设计教育最重要的内容，培养学生的创造精神，是当代教育为满足社会需求的一大特点。设计专业的学生走上工作岗位不能仅仅只满足于做一名绘图匠，而要努力成长为一名设计师——这是设计教学的基本目的。考虑在手绘课程当中技法与创造性思维结合的培训方法,让思维自然转化到手绘表现视觉效果上。

图形思维方式是把思维视觉化，用视觉符号作为设计表达手段。其根本点是形象化的思维和分析，设计者把大脑中抽象的思维活动通过图形使之延伸到可视的纸面等介质上、并逐渐具体化，从而能够通过视觉图形很直观地去发现问题和分析问题，进而解决问题。发现问题和分析问题是创造性思维的根本点。草图的绘制过程本身是一种发现行为。通过草图形成初步视觉形象，表达思维过程。工业设计师在进行产品创意的时候，可以用草图记录的方法把头脑中一些模糊的、初步的想法固定延伸出来，进行视觉化表现，开始的时候是一种发散思维的状态，讲究的是思维的广度，并通过直观的图形表现出来。可以把设计过程中随机的、偶发的灵感迅速抓住，然后再加进专业经验知识进行逐步深入，不断趋近最后的设计方案。设计徒手草图的随意性、自由性、不确定性也很符合设计初级构思阶段设计思维的模糊性和灵活性。在灵感触发的构思阶段不能像计算机一样，保持精确的数据概念，不能够用明确、肯定的点、线、面来表现。设计徒手草图必须要熟练掌握手绘技法，熟练运用手绘工具，提倡速度，要有思维的余地，要有想象的空间，让模糊的概念通过不确定的图形相互之间产生火花的碰撞，激发出新的灵感，创造出意想之外的新的概念来。如图1–4所示，草图的快速表达可以记录创意构思。

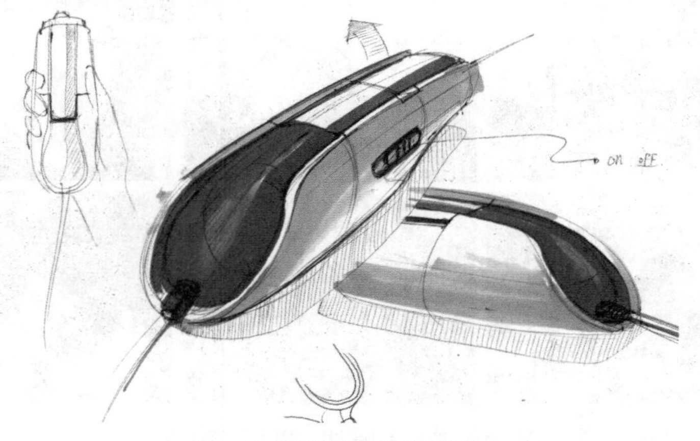

图1–4　医用注射器设计草图

手绘图训练理论上讲可以分为两个阶段。第一阶段培养学生对产品造型的基本表现能力，总结以往所学造型基本知识，应用到具体的产品造型中，这也是图形思维的切入点，用设计角度的图形符号思维代替以往的逻辑思维。把握好产品形态，仔细分析、解剖形态的本质，在此基础上进行创造和再现，训练通过视觉符号来正确反应构思形态，手脑配合形成可视化的视觉语言。通过反复地对形象的观察、分析、记忆、加工、描画，训练手脑相互之间的协调配合能力，达到视觉符号再现的目的。这是手绘构思的基础，是基本的技能，也是设计的基础。而另一方面，针对设计专业来说，如果进行长期、大量的对具体对象的描绘、复制，势必会造成学生对现有造型形式的依赖，对自由创造产生很大的阻碍。会影响学生发展自己的创造力和想象力。设计专业进行手绘训练的目的是为了培养和训练学生观察对象与表现对象的能力，作为后一阶段，更是为了提高学生分析造型、理解造型、进一步发展到创造造型的能力，是对形态创造这一基本设计理念的导入，为以后的设计实践扫除技能和思维上的障碍。头脑里的思维通过手的自由勾画，体现在纸面上，利用这种视觉符号的表现方式帮助发现问题，而所勾画的形象通过眼睛的观察又反馈到大脑，刺激大脑作进一步的思考、分析和判断，如此循环往复，最初的设计构思也随之深入、具体，完善。可见，手绘设计图是一种形象化的思考方式，是通过视觉思维帮助训练创造能力。在这个过程，不必太在乎画面的效果，而应将注意力放在观察、发现、思索以及综合运用能力。表达出来的图形就是自然的大脑构思的反映。

手绘设计草图的训练，无疑是培养学生形象化思考、设计分析及发现问题，以及培养学生运用视觉思维的方法开拓创新思维能力的有效途径。

1.2.2　手绘图与综合审美能力的培养

手绘表现本身就是对于美的规律的实际应用形式，在训练中提高审美能力主要表现在以下几个方面。一方面是产品造型本身具有的美感表现。手绘图的目的在于充分地表达预想设计的产品，是设计者向外传递自己的设计思想的桥梁。产品设计要求产品既能满足消费者的物质功能需求，又要满足消费者的精神需求，精神要求实际上就是指的产品造型的美感。特别在现代产品设计中，人们对于产品的审美要求越来越高，因此要求设计的产品具有一定的设计美感。手绘图上反映产品的设计美感包括造型美、色彩美和材质美等几部分内容。另一方面就是表现图画面本身的构图审美了，构图的好坏可以直接反映设计师的审美能力，也应该作为产品手绘课程的一项重要内容来训练，在训练技能时注重提高美学素养的训练，学会赏析优秀设计作品的方法。

画面的形式美感可以辅助表达设计师的创意，通过画面的用色、整体构思安排、渲染效果来表现设计意图；产品本身的美感通过线条的走势、点线面的衔接形式、质感的表达等来体现。在训练的临摹阶段应该有意识地选择一些形式感好、美感强、有设计意味的作品来练习，用审美的眼光来分析这些好的设计是如何通过点、线、面、形、色、质来表达的。图1–5中的构图形式可以全面展示造型效果。

图1–5　手机构思草图

例如可以对临摹对象进行有步骤的拆分，了解结构与外部造型的关系，从本质上把握外观视觉比例的美感处理方式。多角度地对产品进行临摹，分析组成整体造型的各个视图之间的关系。要充分感受产品构成的美学特征，感受该产品给使用者带来的视觉感受。

产品形态本身是具有气质的。手绘训练应该提高我们对美的感知能力，作业练习时自己的作品能否令自己感动是不应该忽视的，只有感动了自己才可能去感动观看者，才能起到传达设计意图的目的。

1.2.3　前期手绘概念图与后期电脑技术的结合

电脑绘图技术的发展应用，为手绘草图的深入表现提供了有利的契机，很多设计师在设计构思过程中，针对个别优选方案，采用扫描、计算机软件简单渲染的方式对草图进行深入刻画，渲染出比较接近实际产品的表面效果，突出主要设计方案，提高草图的识别、沟通的能力。

1.2.4　精细手绘效果图的应用逐步减少

由于传统的精细手绘效果图耗时耗力、对工具的要求较高，效果图后期制作逐步转变到电脑辅助工业设计软件上，一些手绘技法应用也逐步较少，但传统的效果图技法经过提炼和借鉴，仍可以为现在的快速手绘表达提供帮助的。

1.3　产品设计手绘表现的特点

手绘设计表达不是单纯的对绘画艺术的创造，而是在一定的设计思维和方法的指导下，把符合生产加工技术条件和消费者需要的产品进行设计构想，通过技巧加以视觉化的技术表达手段。它具有快速表达构想、推敲方案延伸构想和传达真实效果的功能。手绘设计表达通常分为方案构思草图、精细草图和效果图三种。随着材料和工具的不断发展，表现技法变得越来越丰富，现在普遍使用的技法有：马克笔表现、透明水色法、水粉画法、马克笔和色粉结合的画法、马克笔和彩色铅笔结合的画法、底色高光法和色纸画法等。如图1－6～图1－8所示，不同的工具表现会产生不同的画面效果。

图1－6　轮滑鞋表现草图

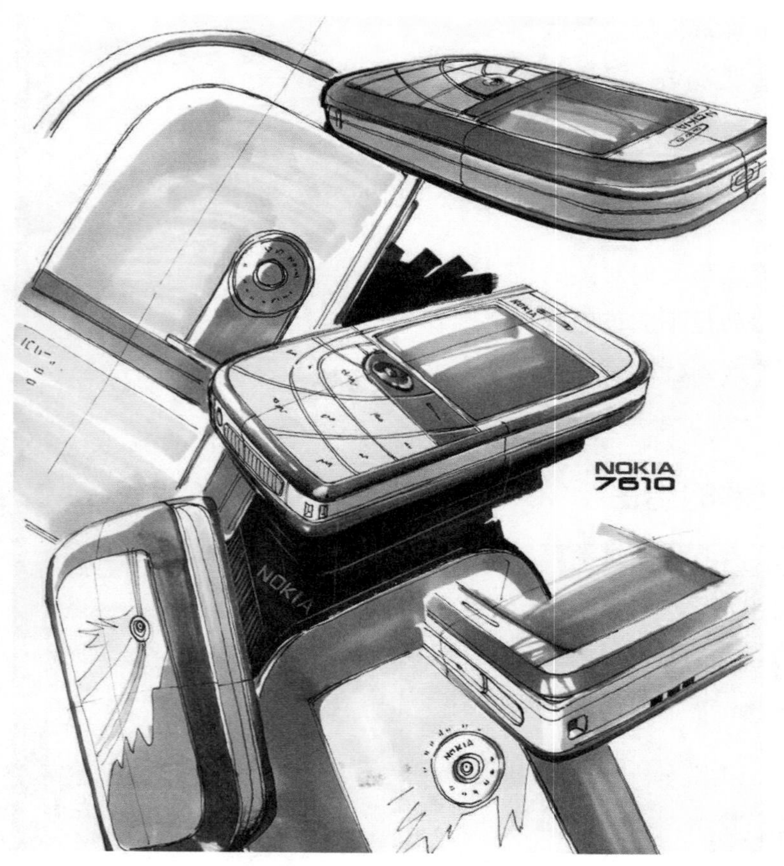

图1–7　手机构思草图

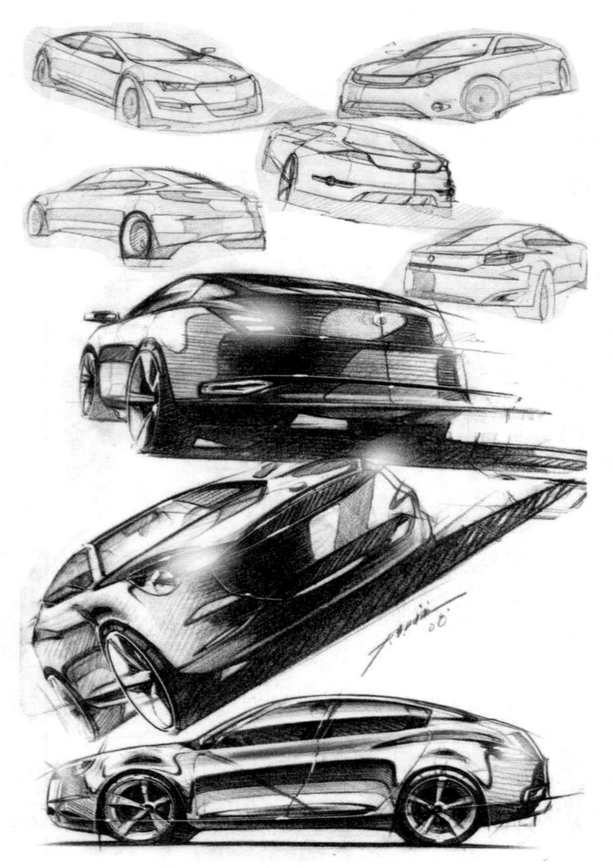

图1–8　汽车线条表现草图

图1–9　实物写生训练

图1–10　实物写生训练

1.4　手绘学习的基本方法

首先是了解手绘训练的目的及作用，树立正确的学习态度。总结、提炼以往学习过的素描、色彩方面的知识，进行手绘基本功的训练。

其次进入临摹阶段。临摹别人的作品是最直接和有效的学习经验、锻炼观察能力及表现能力的一种方法。临摹对象最好选择有代表性的优秀手绘作品。

再次是写生。写生是检验个人所学美术知识的基本实践方法，多去实践可以为自己的绘画打下坚实的造型基础。选择有代表性的产品进行写生，注意外观和内部结构的关系，多角度表现，提炼固有产品的形态设计特征。

最后是形态再创造。平时多画多练，多记住物体的形式特征，并对现有产品进行二次形态改造，在理解构造的基础上进行形式变化。锻炼灵活运用手绘技法和应用形态变换的能力。如图1–9～图1–11所示，为产品设计专业的手绘课堂练习。

1.5　工具与材料

手绘表达的方式很多，对手绘工具的灵活应用，会帮助设计师们达到预期的表现效果。不同的效果要借助不同的工具和材料，这就需要我们了解工具与材料的特性，灵活运用。

纸张，一般采用白色复印纸；铅笔、钢笔、针管笔、彩色铅笔、马克笔等为常用绘图工具，马克笔可分为油性和水性；色粉笔、透明水色、水粉、水彩、毛笔、板刷、直尺、蛇尺、云尺、弧形尺、圆形模版、椭圆模版等工具和材料使用率也较高。

要熟悉这些工具和材料的特点和用法，灵活运用，经过不断尝试，选择适合自己的工具。

前期需要准备的常用工具有签字笔、马克笔、铅笔、色粉和纸张，其他工具在深入学习后，可以不断添置。如图1–12～图1–14 所示，为常用的绘制草图的工具。下面介绍各种工具的主要表达方式。

图1–11　手绘训练课堂

图1–12　常用的笔

图1–13　马克笔

图1–14　草图绘制工具

1.5.1　铅笔

铅笔（Pencil，包括彩色铅笔）主要是通过线条和由线条交织而成的明暗色调来表现产品形态，使用方法简单且便于修改。铅笔所表现出的线条具有一定的张力，是产品设计师特别是汽车设计师创作记录形态、进行设计创意构思时最常用的表现方式，多见于创意初期的设计草图。

1.5.2　钢笔

钢笔（Pen）作为一种传统的设计表现工具之一，很早就用于建筑设计领域。由于钢笔的笔锋具有方向性，因此不太容易控制，但随着针管笔的出现，在产品设计中配合钢笔淡彩这种表现技法进行草图构思、快速设计或绘制预想的效果图表现，使钢笔在产品设计表达中占有一席之地。

1.5.3　水粉、水彩

水粉颜料（Gouache）和水彩颜料（Water Color）都属于湿介质材料。前者具有较强的覆盖力，非常适合反复修改和深入塑造，在表现技法上也具有相对的灵活性和多样性；而后者却因不具备覆盖力而可以进行深入渲染叠加，效果清新自然。总体来说，这两种材料虽然效果很好，但效率较低且过程复杂。

1.5.4　马克笔

马克笔（Marker）是一种干介质的设计表现工具。它具备了水彩亮丽、清新的特点，同时具有方便携带、速干、色彩丰富、可反复叠画和灌注专用墨水反复使用的优点。马克笔的种类和品牌较多，按色料的不同分为油性和水性两种。正是因为马克笔的这些优点，使它在产品概念草图和精细效果图阶段都得以广泛应用。

1.5.5 色粉

色粉（Pastel）是棒状粉质的干介质设计表现工具。它非常适于表现产品曲面的光影变化及饱满的形态，并且也可以根据需要自行调和使用，但在细节的绘制与表现上不够理想，而且对比不足，显得平淡，因此必须搭配针管笔、马克笔等其他工具进行表现。

1.5.6 喷笔

喷笔（Air Brush）在数字表现形式出现以前，是最为精细的设计表现工具。喷笔能够绘制出精细的线条，营造出柔和的过渡效果，在表现物体微妙的细节变化方面异常出色，但喷笔的造价昂贵，配套设备较多，并且绘制过程比较繁琐。

本章小结

本章首先对产品设计手绘表达的内容作了介绍，强调手绘表达要手、脑、眼相互配合，通过熟练的技法运用挖掘设计思想；阐述了设计表达的意义和作用，掌握这门技能是一个设计师必须具备的素质；介绍了产品设计表达的特点和最新发展趋势，手绘表达与电脑技术的结合是目前的一个发展方向。在学习手绘的过程中提倡创造性思维与手绘技法的有机结合，灵活运用这门技术；学习手绘是一个循序渐进的过程。本章还列举了常用的手绘工具，演示工具的使用方法，让学生对工具的特性有一个直观的感受。

本章习题

（1）产品设计手绘表达的意义是什么？

（2）回忆以往学习绘画的经历，你认为哪些训练可以提高自身的审美能力？

第2章 产品设计手绘表达中的透视与质感表现

教学目标

介绍、讲解有关透视的基本原理知识，结合实例进行分析如何把握产品设计手绘图的透视和空间。让学生在手绘过程中利用合理的构图和建立产品形态的角度来体现透视和空间感。介绍不同材质的不同表现方式，体验材料带给产品的品质特征。

建议学时

8学时课堂教学以及若干课时的课外练习。

在自然界中，产品形态的样式是多种多样的。产品设计对于形态的表达必须遵循科学的透视规律。产品设计手绘表达是借助绘画的造型、色彩与工程技术知识来描绘产品造型的一种手段，要兼顾绘画与工程制图两种专业的相关知识，通过设计者对产品材料特点的把握来表现表面质感，并体现在具体的带有透视关系的造型结构上。

2.1 透视原理

以立方体为例，其透视变化规律有以下3种类型。

2.1.1 平行透视

立方体的一个面与画面平行，所产生的透视现象即为平行透视。

平行透视的基本特点是：立方体只有一个消失点，即“心

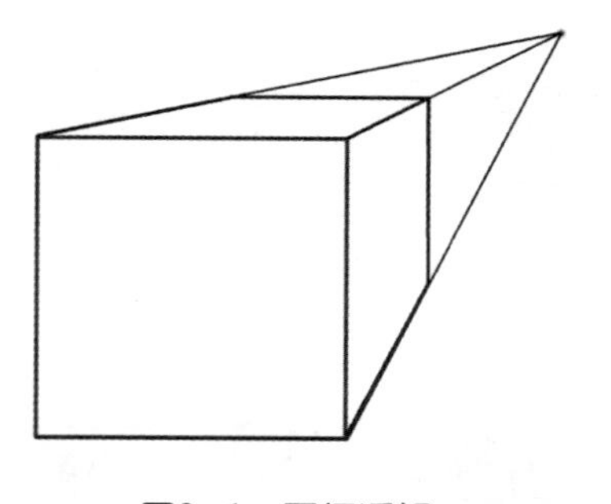
图2-1 平行透视

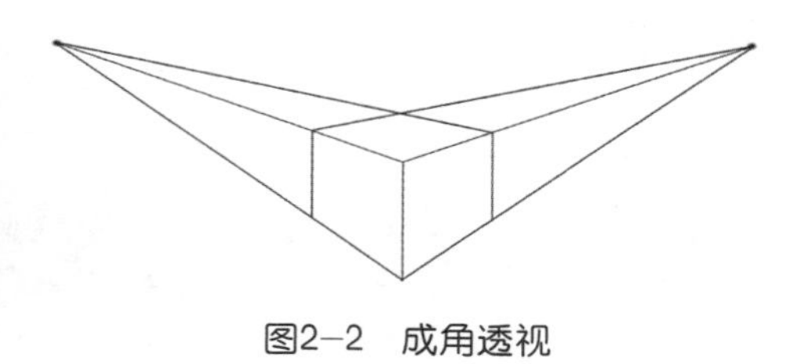
图2-2 成角透视

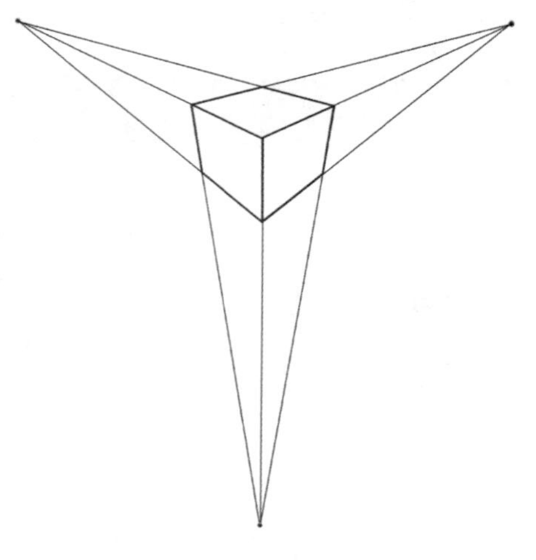
图2-3 倾斜透视

点”。立方体与画面平行的线没有透视变化，与画面垂直的线都消失于心点，如图2-1所示。

2.1.2 成角透视

如立方体上下两个体面与地面平行，其他体面与画面成一定角度时，所产生的透视即为成角透视。

成角透视的基本特点是：立方体的任何一个面都失去原有的正方形特征，产生透视缩形变化，并且立方体不同方向的三组结构线中，与地平面垂直的仍然垂直，与画面形成一定角度的两组线分别向左、右两个方向汇集，消失于两个余点，如图2-2所示。

2.1.3 倾斜透视

倾斜透视有两种情况：一是物体自身存在倾斜面，如楼梯、房顶、斜坡等，即产生倾斜透视；二是因视点太高或太低，产生俯视或仰视倾斜透视。

倾斜透视的基本特点是：与画面和地平面都成倾斜的面，分别是向上倾斜和向下倾斜。向上的倾斜线向视平线上方汇集，消失于“天点”；向下的倾斜线向视平线下方汇集，消失于“地点”。天点和地点均在灭点的垂直线上，如图2-3所示。

2.2 透视与空间

对画面透视与空间的有效把握,可以提高设计沟通效率。空间是在二维的画纸上表达三维的立体效果，空间的表达对设计手绘表现构思是很重要的。空间表达的方式很多，可以用明暗、浓淡、虚实、色彩等来区分远近、前后，可以用来强调主次形态。空间可以提高人的视觉感受，用空间感强的图面效果感染观看者。通过具体的透视技法应用完成整幅画面的构成形式，图2-4（微波炉设计草图，通过几种透视形式，对产品的造型特点很好地进行了展示）中运用透视效果可以表现画面的空间感。

正确的透视角度可以合理地表现产品体量特征，如图2-5所示，我们可以任意地从不同的高度、不同的角度观察产品，但选择正确角度的目的，一方面是为了能够相对完整地表现产品的主要形态信息，另一方面也是为了贴近使用者观察产品时的目光与产品形成的角度。有时候为了达到特殊的宣传目的，也会选择平时所不常见的角度，以便表现产品所蕴涵的特质。图2-6中，选择仰视的角度以表现机箱的强大运行速度和容量。

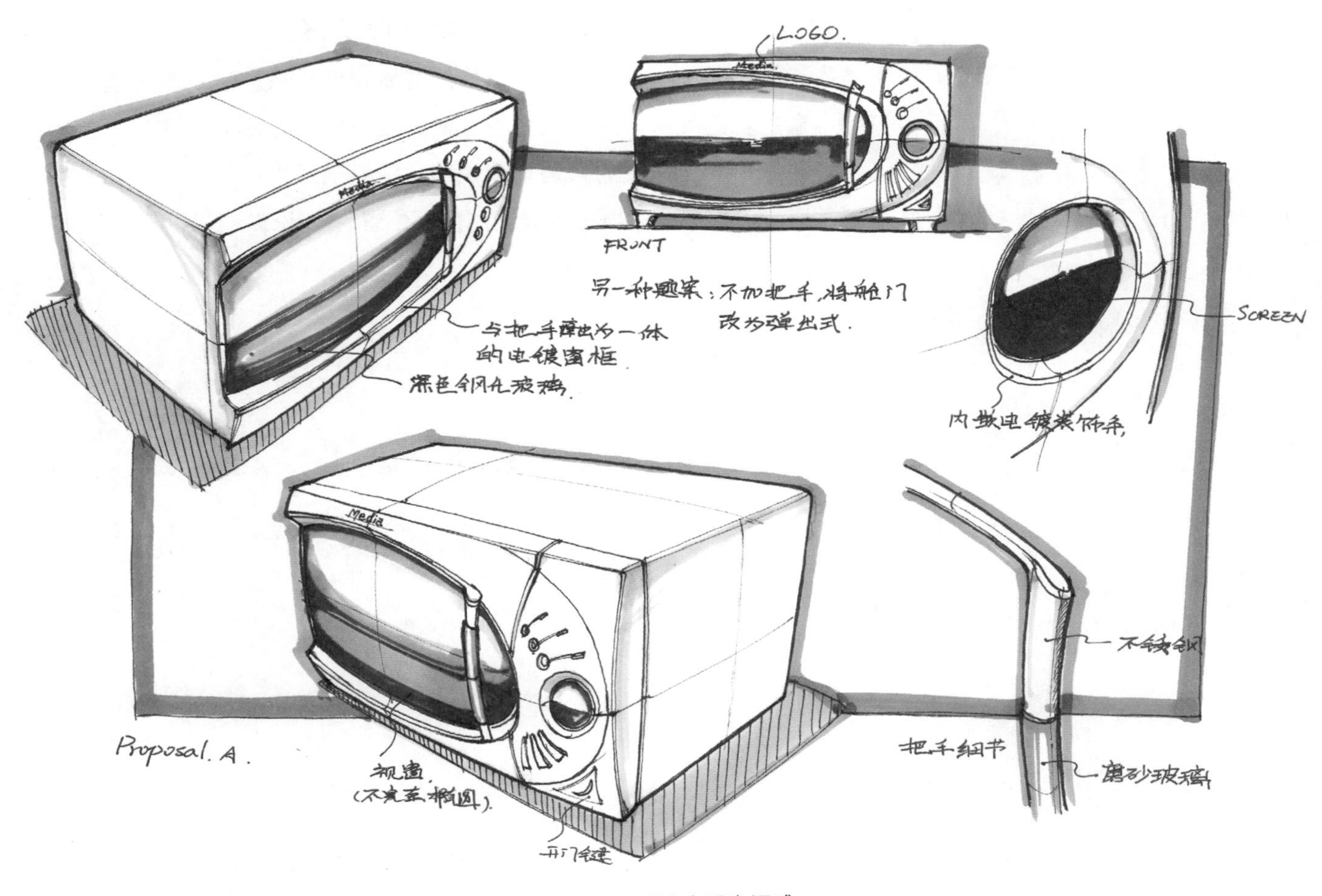

图2–4　透视表现空间感

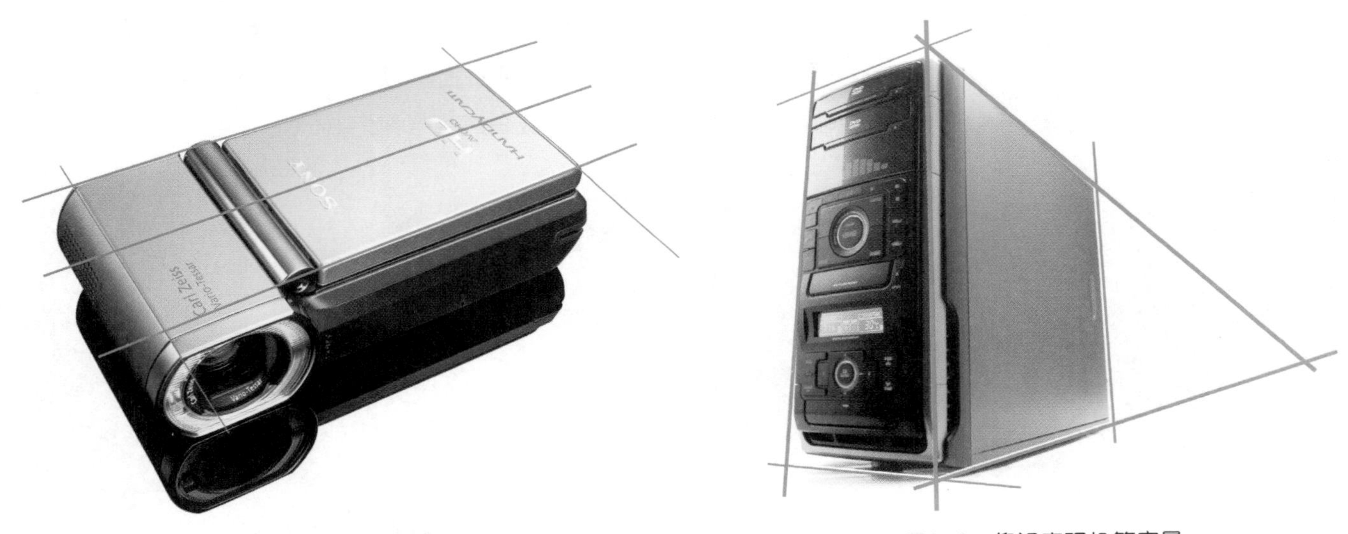

图2–5　透视表现体量特征

图2–6　仰视表现机箱容量

我们可以通过下面的加湿器设计草图来分析空间与透视的关系。手绘图就应用了多种透视表达形式，对产品造型进行了全方位的展示。通过位置、大小、精细程度进行了主次区分，使画面富有层次感。从多个视角展示产品的设计特征。

2.2.1 加湿器设计草图绘制步骤

步骤一：根据事先构思好的方案造型特点，进行画面构图，注意主次的关系，这幅图里以左面为视觉中心，基本上主体物就定到这里，其他角度的只是辅助说明。调整前后大小的变化，营造空间感觉，用单线大概把想表达的角度位置勾画出来（图2–7）。

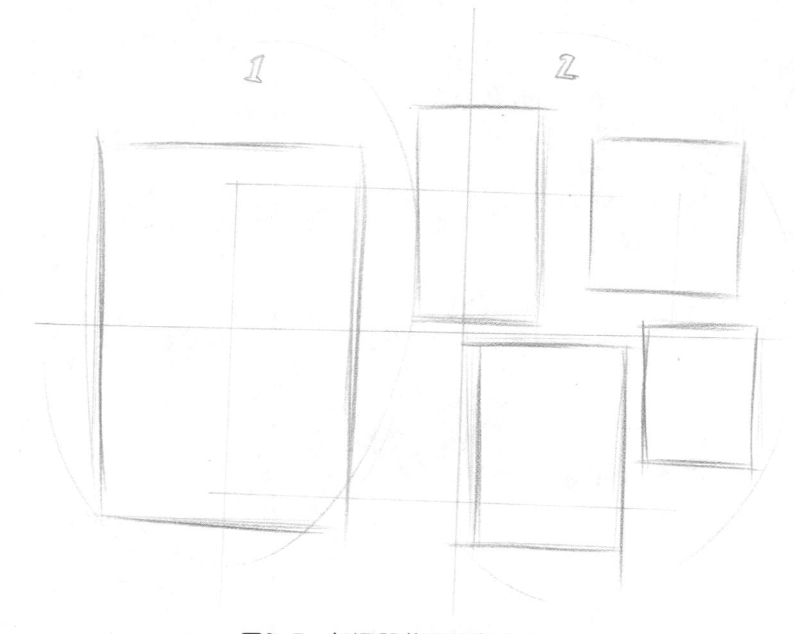

图2–7 加湿器草图绘制步骤一

步骤二：根据物体摆放位置开始对主体物勾画基本透视关系，可以借助辅助线检验透视是否准确，以便确定物体主要结构线的位置。这里采用了三种透视形式，可以全方位地表现产品的形态特点。常用的透视形式为成角透视（图2–8）。

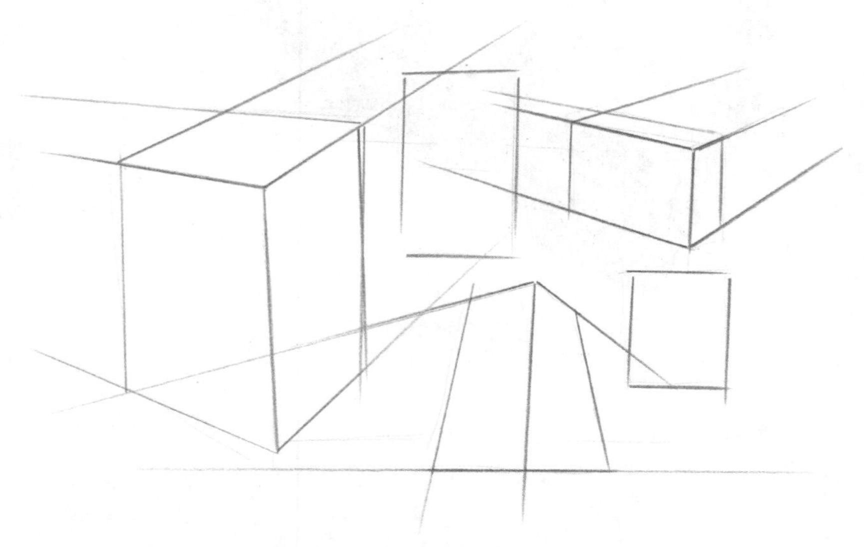

图2–8 加湿器草图绘制步骤二

步骤三：透视准确后就可以描画基本形态了，注意要边画边观察透视的变化，尤其是深入细节的时候要参考外轮廓线的走势。开始练习时可能会耗费一些时间，但多练习就可以熟能生巧，速度也会提高（图2–9）。

图2–9　加湿器草图绘制步骤三

步骤四：继续深入，着色，强调转折关系，注意材料质感，适当使用马克笔，调整完成（图2–10）。

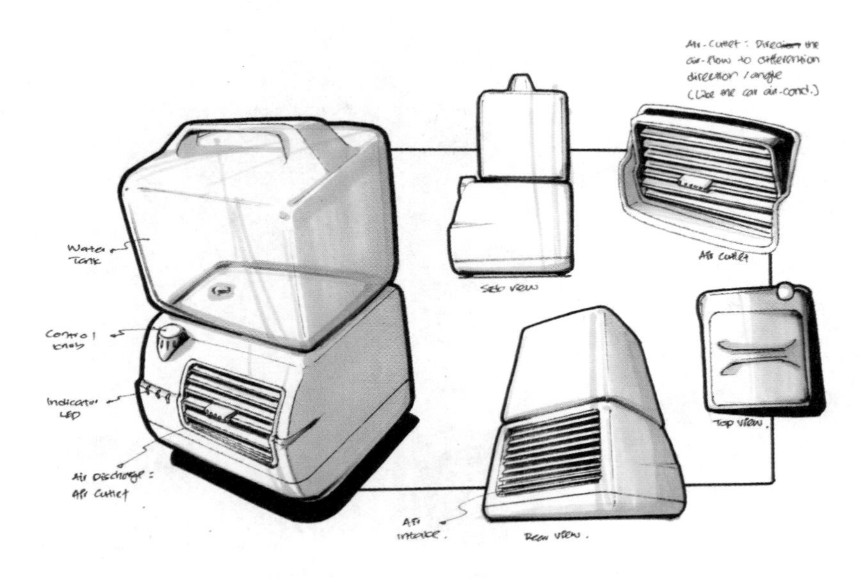

图2–10　加湿器草图绘制步骤四

［例］图2–11为音乐椅设计草图。在整体构图上考虑造型主要特点的表现，选择以俯视为主表现角度可以清晰地表现产品设计特点，并能模拟人和椅子的比例关系，强调人的视角与产品位置的关系。另外，进行适当的产品环境描绘使设计变得非常生动和易懂，加入必要的解说和符合比例的人物造型，形成了产品设计的语境。

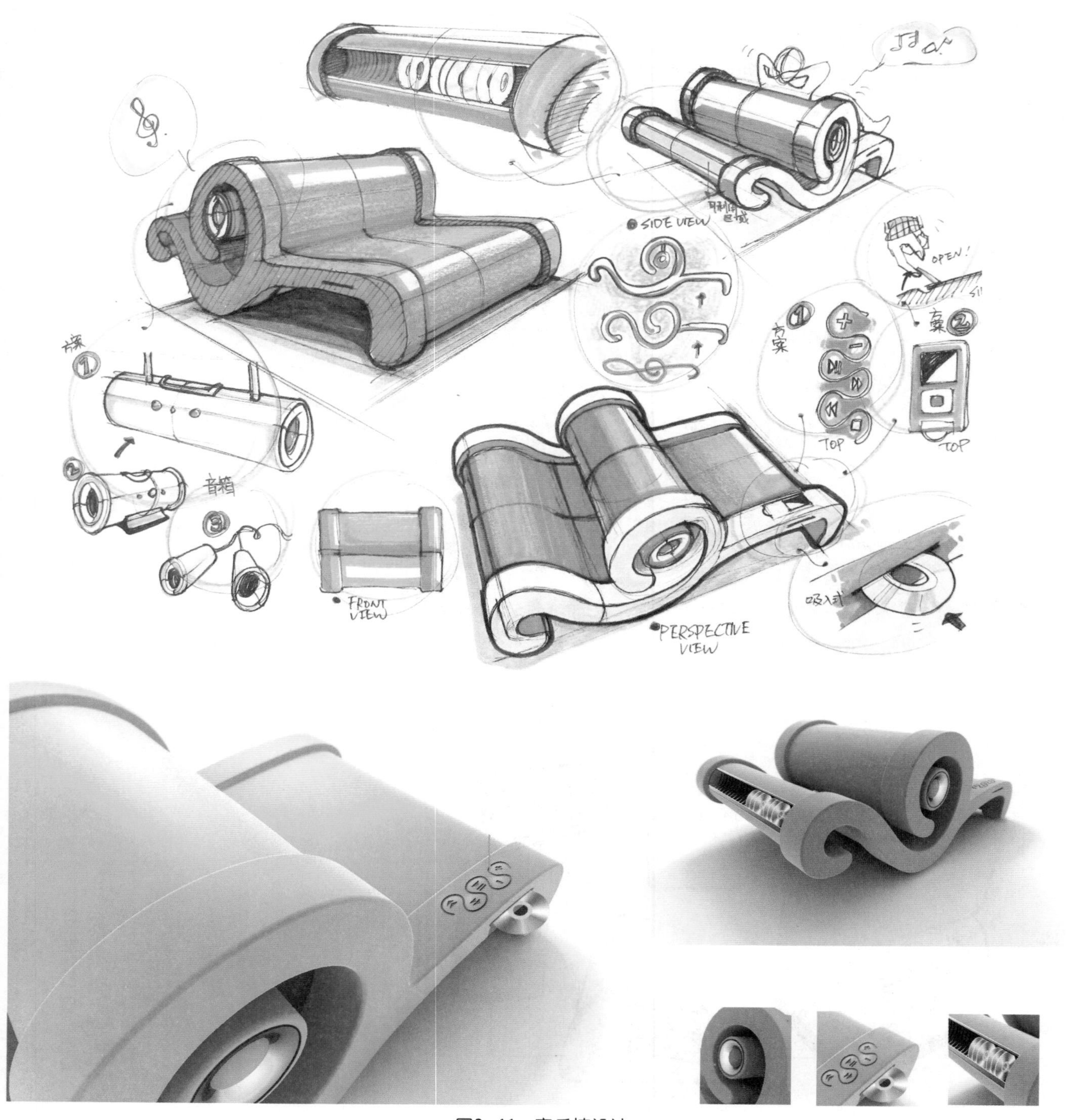

图2–11　音乐椅设计

下面通过汽车多角度绘制步骤来进一步分析透视的特点。要求设计者必须熟练掌握透视的基本规律，有良好的空间想象能力，并对汽车表面的质感有初步的把握，角度变化后也能保持质感的一致性。

2.2.2　汽车多角度绘制步骤

步骤一：构思的产品造型在头脑中还是比较简单和初步，所以首先要勾画基本的汽车侧面形态，这个视角最能反映汽车的造型特点，定好其他辅助视角的透视线条，这里大体模仿汽车转动后的前后角度，以便能全面地表达设计构思，也是为了锻炼空间想象的能力和对于透视规律的理解（图2—12）。

图2—12　汽车设计草图绘制步骤一

步骤二：对侧面形态进一步确定，把握好比例关系，适当排上调子以便分析形态起伏变化，注意车窗反光效果的表现，一般用重色与浅色对比来表现玻璃质感，反射的一般是周围场景的形态。强调分割线，强化质感特征（图2—13）。

图2—13　汽车设计草图绘制步骤二

步骤三：在基本完成侧面效果以后，就可以参照侧面图进行其他视图的勾画了；可以先尝试稍微转动一个侧面角度，形成成角透视关系，然后不断变换角度，形成多视角展示。绘制过程中要注意每个角度与其他角度的对应关系（图2—14）。

图2—14　汽车设计草图绘制步骤三

步骤四：上色调整（图2—15）。

图2—15　汽车设计草图绘制步骤四

［课堂范例］图2–16、图2–17为一些概念车设计和概念个人代步工具设计。对于这类对造型构思较大胆的设计，常常采用一些比较特殊的角度进行绘制，从而表现概念车的速度和动感造型特征。大的透视角度可以给观看者带来强烈的视觉冲击，达到强化造型特征的作用。

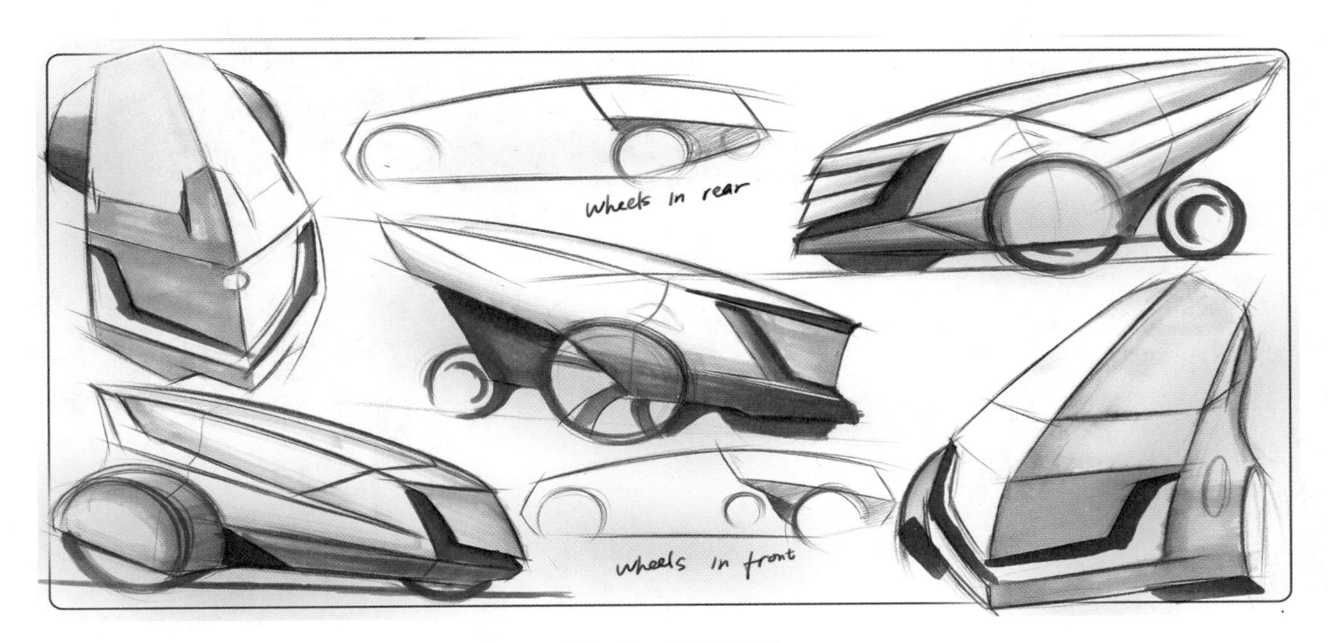

图2–16　概念车设计

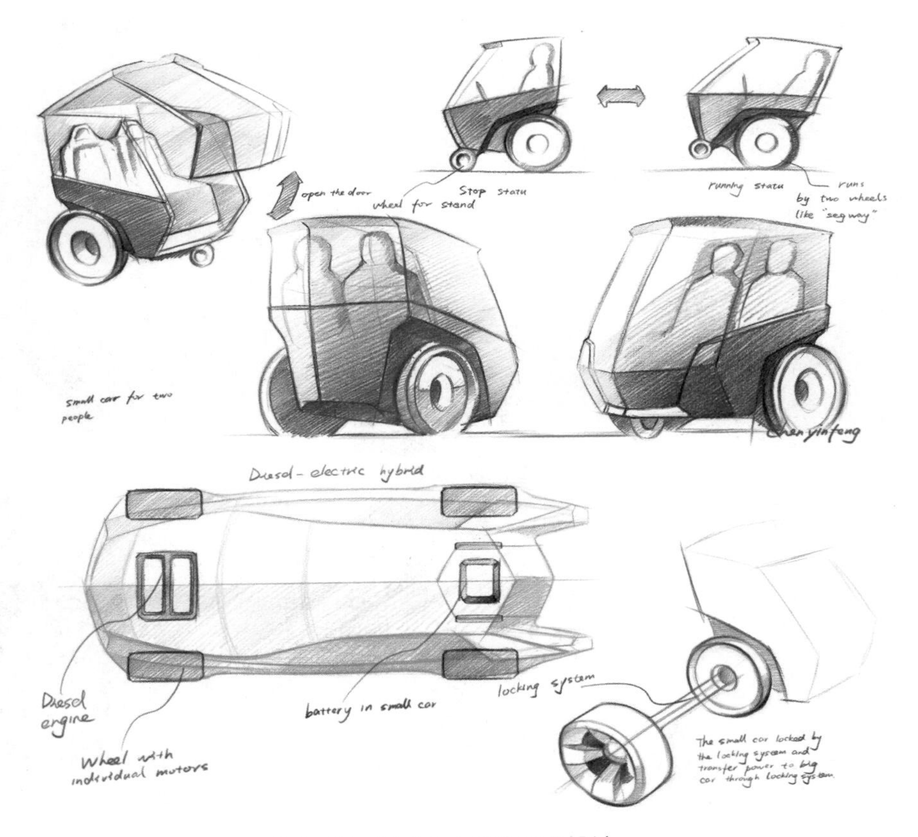

图2–17　概念个人代步工具设计

图2–18展示的是常见产品的造型罗列草图，通过透视的变化达到丰富画面构图的目的，同时较全面地展示了产品的造型特点。

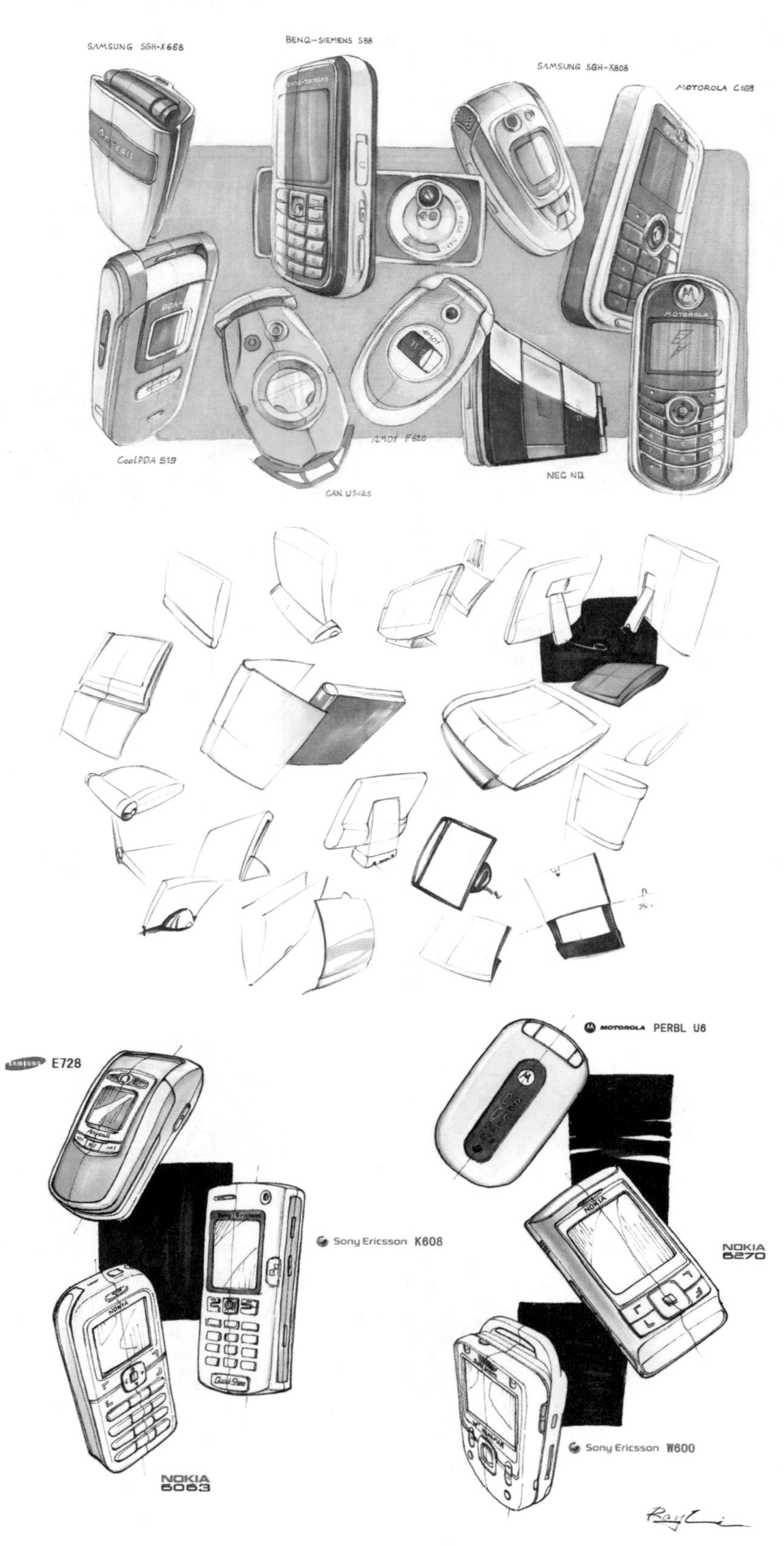

图2–18 产品造型草图

2.3　质感的表现

在手绘表达中，表现产品的不同表面质感是传达创意的重要途径和手段，它可以帮助设计师表达设计意图。不同的材质具有不同表现的特点：金属材质给人以坚硬、沉重的感觉；铝材体现华丽、轻快；铜的体量感强，体现厚重、高档；塑料轻快、饱满；木材自然、朴素、真挚。这就需要在平时的生活中多观察，认真地分析不同材料传达的视觉感受。

对质感的把握要靠我们在实际应用中不断总结，才能灵活运用材质的性格，为塑造优质产品打下基础。

产品材料的表现有如下几个方面。

（1）强反光材质。主要有不锈钢、镜面材料、电镀材料等。可以直接反射周围环境的物象、颜色等，勾画时候注意要分析环境的特点。其特点主要是：明暗过渡比较强烈，高光处可以留白不画，同时加重暗部处理。笔触应整齐平整，线条有力，必要时可在高光处显现少许彩色，更加生动传神。图2–19为金属材质表现。

图2–19　金属材质

（2）亚反光材质。主要以塑料为主。塑料表面给人的感觉较为温和，明暗反差没有金属材料那么强烈，表现时应注意亚反光材质的黑白灰对比较为柔和，反光比金属弱，高光强烈。产品设计中对于塑料材质的运用是非常多的，所以对于塑料材质的研究是我们学习质感表达的重要一课。图2–20为塑料材质表现。

图2–20　塑料材质

（3）透明材质。主要有玻璃、透明塑料、有机玻璃等。这类材料的特点是具有反射和折射现象，光线变化丰富，而透光是其主要特点。表现时可直接借助于环境底色，画出产品的形状和厚度，强调物体轮廓与光影变化，注意处理反光部分。产品的内部机构内容可以适当表现出来，以显示其透明的特点。图2–21为玻璃材质表现。

图2–21　玻璃材质

（4）不反光材质。软质不反光材料主要有织物、海绵、皮革制品等。硬质不反光材料主要有木材、亚光塑料、石材等。它们的共性是吸光均匀、不反光，且表面均有体现材料特点的纹理。在表现软质材料时，着色应均匀、湿润，线条要流畅，明暗对比柔和，避免用坚硬的线条，不能过分强调高光。表现硬质材料时，描绘应块面分明、结构清晰、线条挺拔明确，如木材可以用枯笔来突出纹理效果。图2–22为木材效果表现。

如图2–23所示，在选择质感训练的描摹对象时，产品的表面质感特征要明确清晰，具有材质代表性，选择的图片要构图合理、光感明确。这样可以提高训练的效率。

图2–22　木制材质

图2–23　描摹对象的选择

清晰地描绘产品的表面材质和光影效果可以使表现图更加真实，光照与投影知识需要通过大量训练进行积累，并且灵活运用在材质的表达中。这样做的目的不是为了达到和照片一样的效果，而是要展示产品基本的特征，推动设计构思的深入。图2–24、图2–25为常见金属材质的表现效果，由于金属材质具有反射特性，因此具有这样材质的产品有着强烈的视觉效果。在绘制中常常用黑白两种反差较大的颜色配以少许暖色或者冷色来诠释金属效果。这两张图均采用了黑色和灰色对比白色，适当加入了淡淡的蓝色来表现产品对天空的反射。

[课堂范例] 如图2–26、图2–27所示。

学生作业：如图2–28至图2–31所示。

图2–24　金属材质表现效果图一

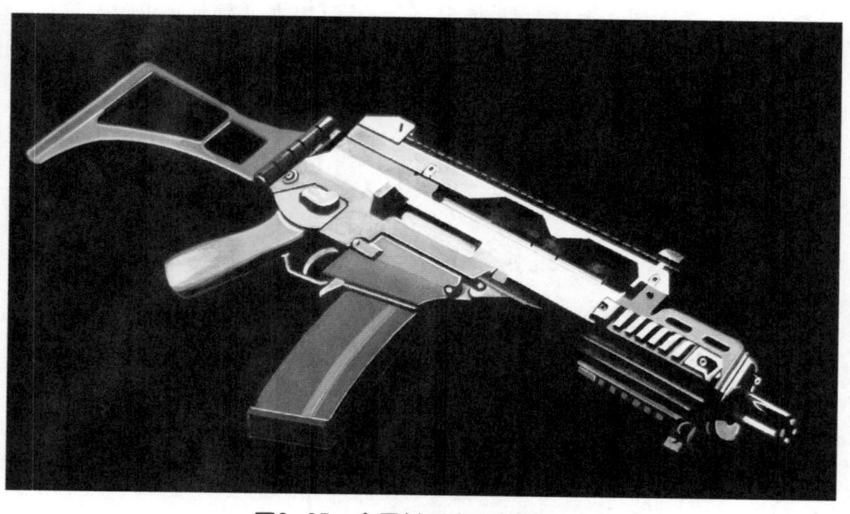

图2–25　金属材质表现效果图二

图2–26　摄像机效果图

图2–27　摩托车效果图

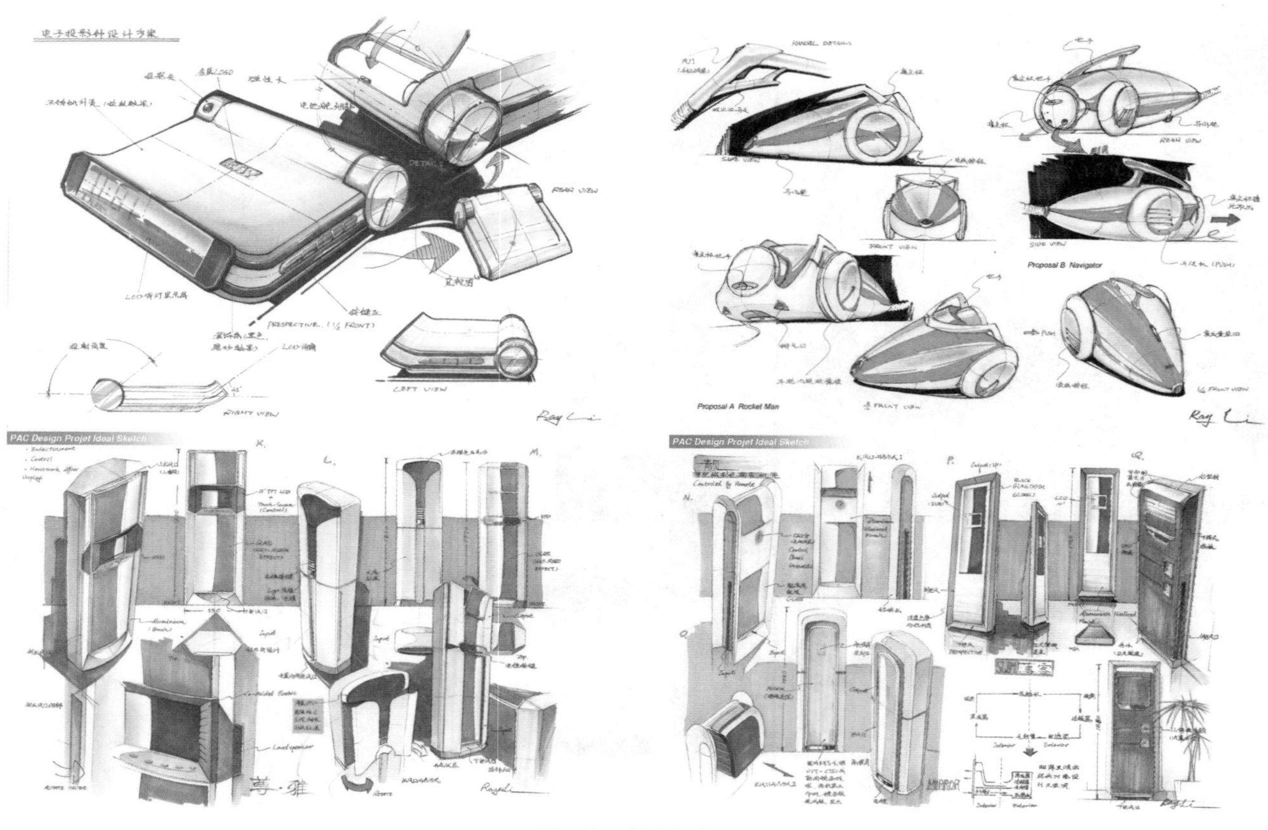

图2-28 学生习作一

图2-29 学生习作二

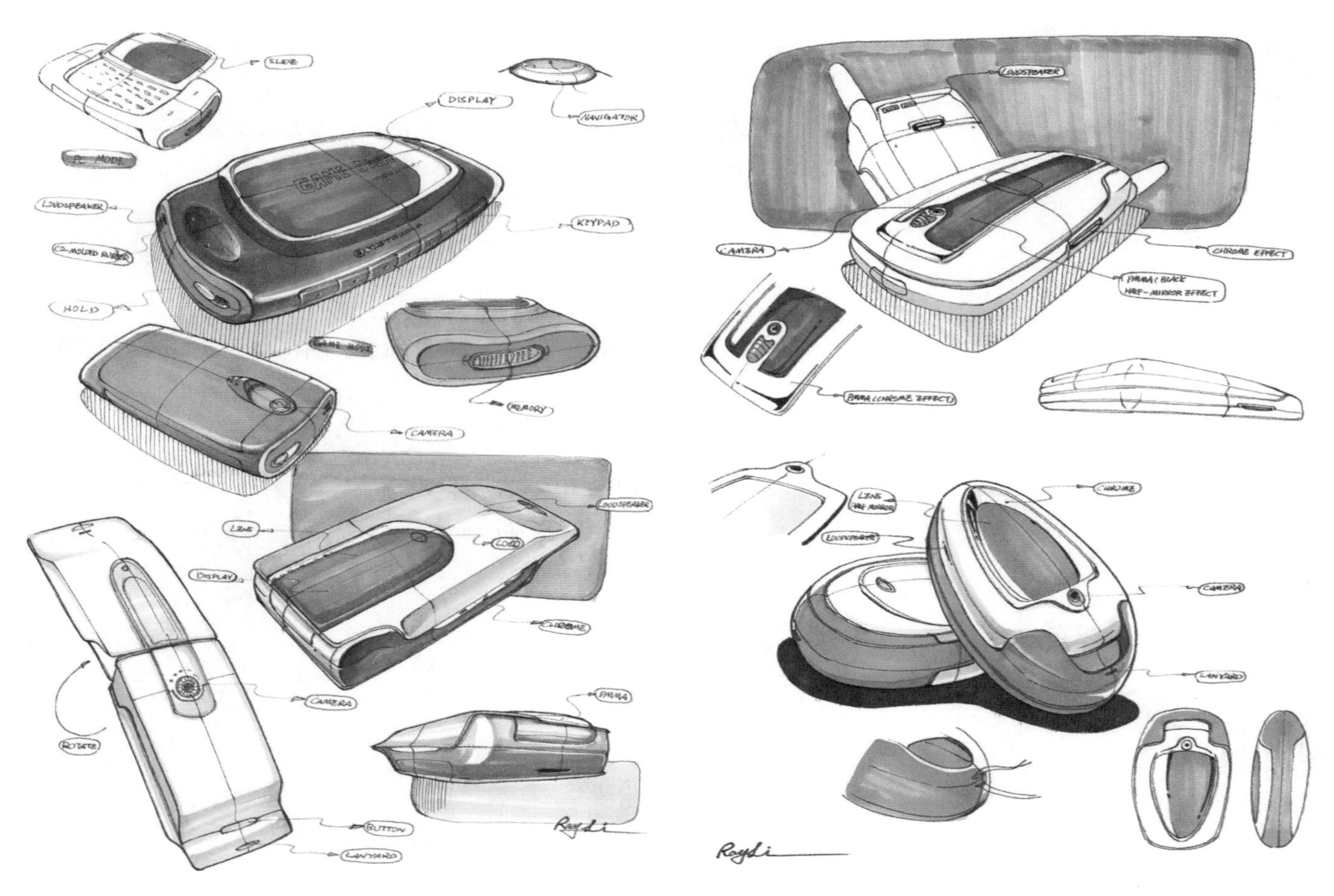

图2–30　学生习作三

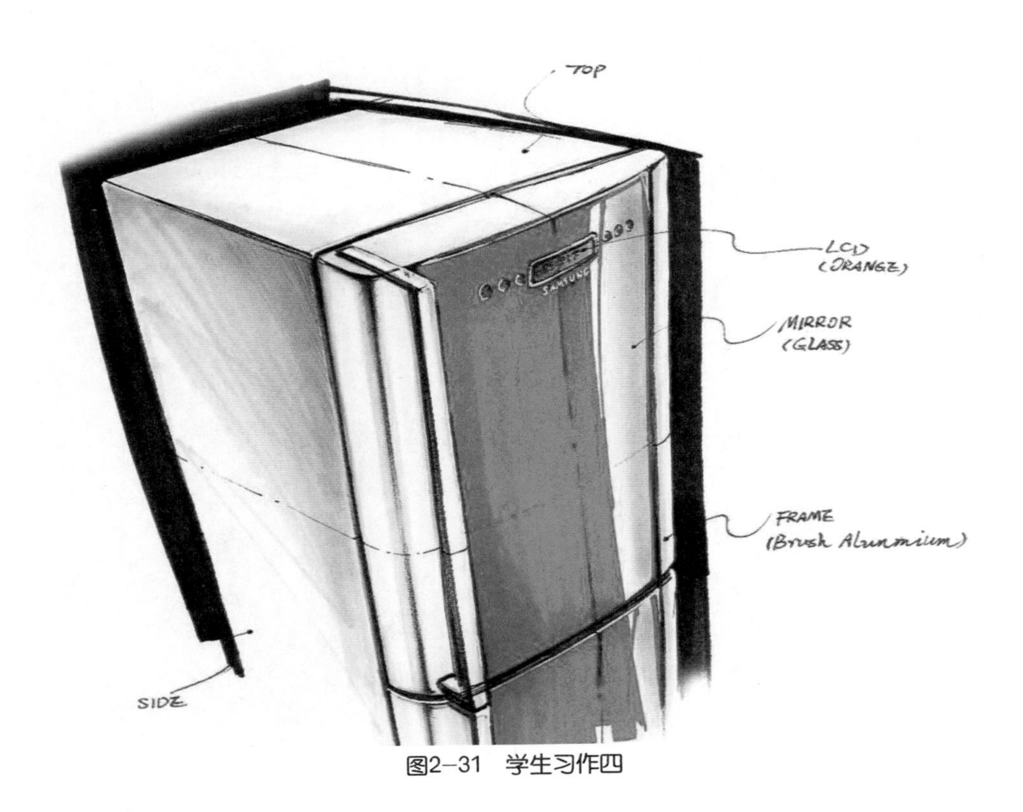

图2–31　学生习作四

本章小结

本章介绍了透视的基本原理和方法以及如何运用三个不同透视形式来展现产品的个性特征；介绍了材料的质感特征。

本章习题

（1）快速绘制一些常见的产品，然后对草图透视进行检测，找出绘制过程中出现的问题，在下一张的绘制中尽量克服。平行透视产品作业2张、成角透视产品作业3张。

（2）绘制4种不同材质的草图。木材的表达：完成作业2张。金属材质的表达：完成作业2张。塑料的表达：完成作业3张。作业用A3幅面纸张。

第3章　手绘基本功练习

教学目标

学习线条表现的方法，熟练运用线条展示产品形态特征。正确认识面和体的关系，能透过复杂形态分析出其本质形态特征。通过对基本功的训练，协调手与笔之间的关系，学会控制线条和形体的方法。

建议学时

课上基本功技巧训练6学时，课下每天至少练习线条2小时以上。

手绘表现基本功练习主要是提高手眼配合的能力，通过大脑控制手指，准确地将意念中的形态绘制出来。这里要求设计师必须有一定的素描基础，对物体的透视、比例等有一定的把握。

3.1　线条练习

3.1.1　直线的练习方法

直线在手绘过程中应用较多，要控制好直线的力度、长短，手绘训练开始阶段要多加练习并克服枯燥的训练过程，可以自己多设计一些训练方法，提高手绘练习的趣味性。本节的训练主要是分为水平线训练、竖线训练和斜线训练。

边线控制：确定边线，然后在此范围内徒手绘制直线，如图3–1至图3–3所示。

用点控制：在纸面上任意取不定数量的点，然后试着用直线连

图3–1 水平线训练方法

图3–2 斜线训练方法

图3–3 竖线训练方法

接，尽量使直线的端点与已知点准确相连。线条的长短可通过控制点的位置来实现，如图3–4所示。

直线的练习要求是：用力均匀快速、准确，排线时间隙尽量小而均匀。

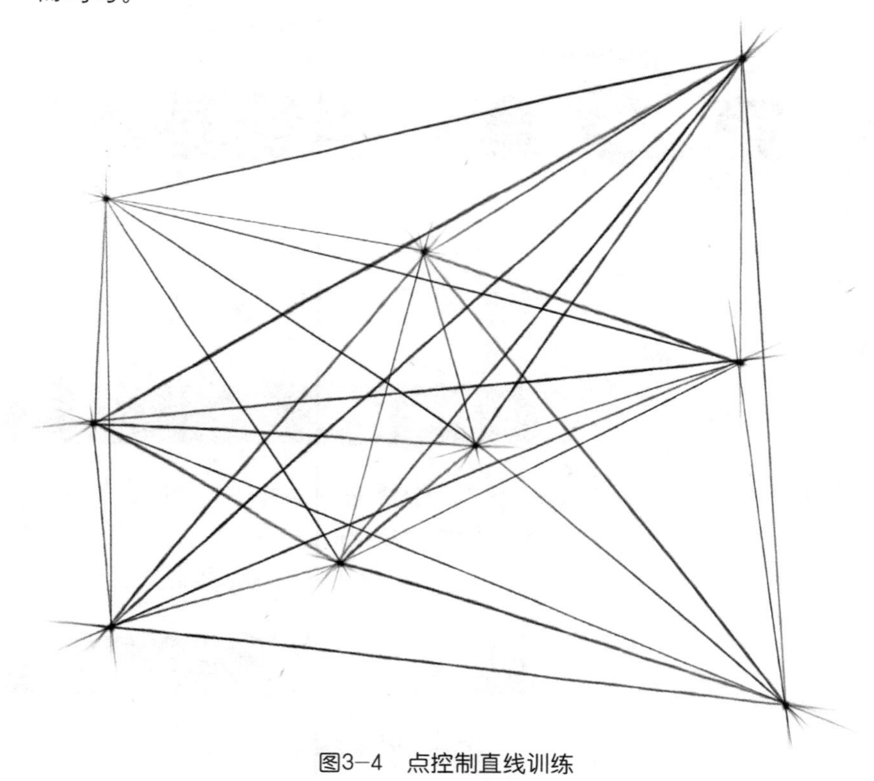
图3–4 点控制直线训练

3.1.2 曲线的练习方法

曲线可以用来表现产品的柔和过渡、造型曲面。在现代产品中，造型常采用曲面弧度的形式，来表现产品人性化的一面。尤其是在汽车设计中应用较多，以表现汽车速度、流线型的特征。曲线训练分为圆形训练、椭圆训练、抛物线训练和自由曲线训练。

1）圆形、椭圆的练习方法

定四边画正圆：先确定正方形的四条边线，这里就可以应用前面的直线练习方法进行绘制，然后在这个确定的正方形里绘制圆形。注意体会绘制过程中的速度和曲度是否有偏差，不断调整姿势和用笔力度，如图3–5所示。

（1）定中心：用十字线确定中心，依次间隙均匀绘制。可适用圆形和椭圆的练习。可以先练习由小到大的绘制，然后再进行由大到小的绘制，如图3–6所示。

（2）定切点：先绘制一个大的椭圆，以一点为切点，然后均匀地依次向内缩小。相反，由小椭圆依次渐变到大椭圆也可，如图3–7所示。

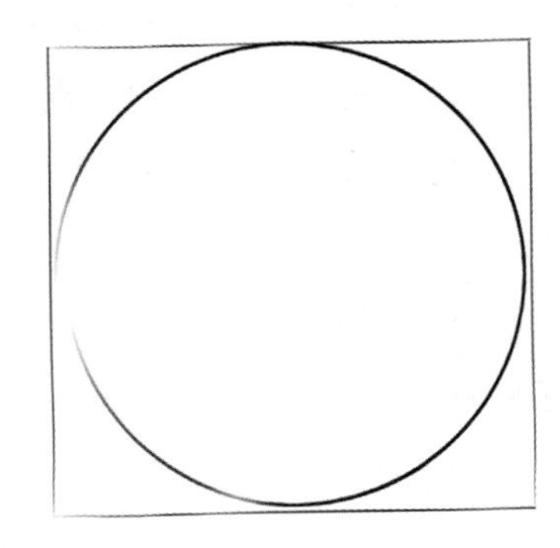

图3-5 画正圆训练方法一

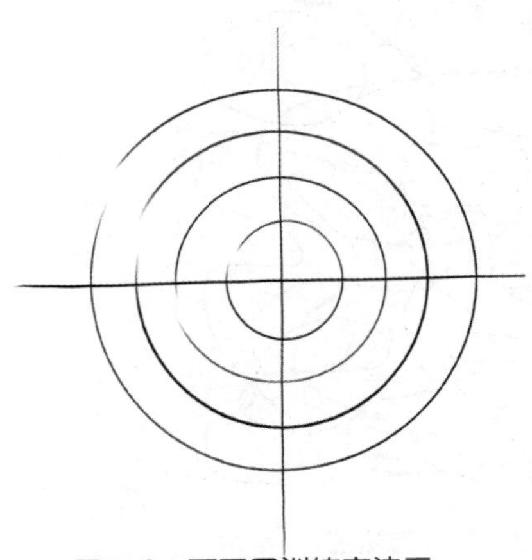

图3-6 画正圆训练方法二

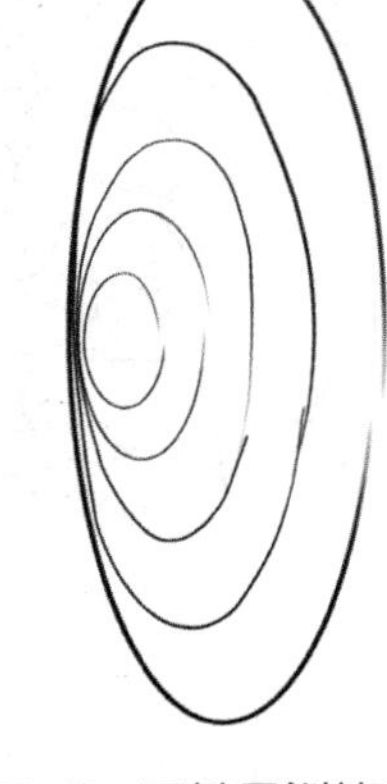

图3-7 画椭圆训练方法一

（3）定直线、弧线：弧线带有一定的透视，在弧线中间绘制椭圆，使之与弧线相切，注意表达透视关系。同理，直线控制边线，如图3-8、图3-9所示。

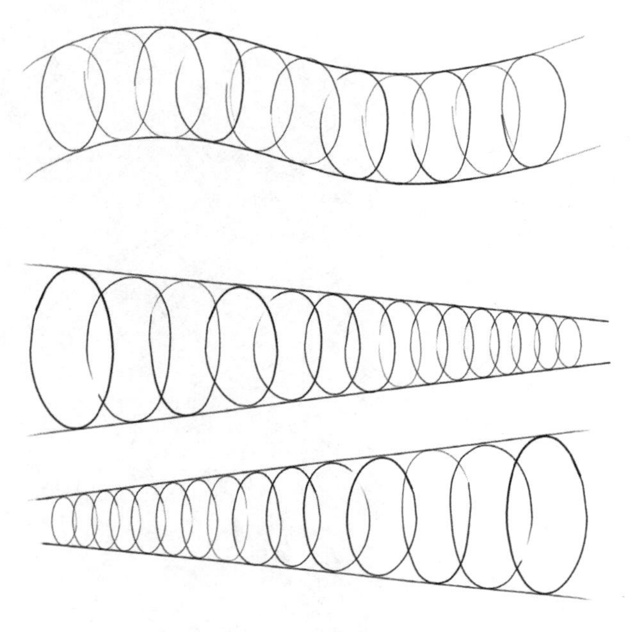

图3-8 画椭圆训练方法二

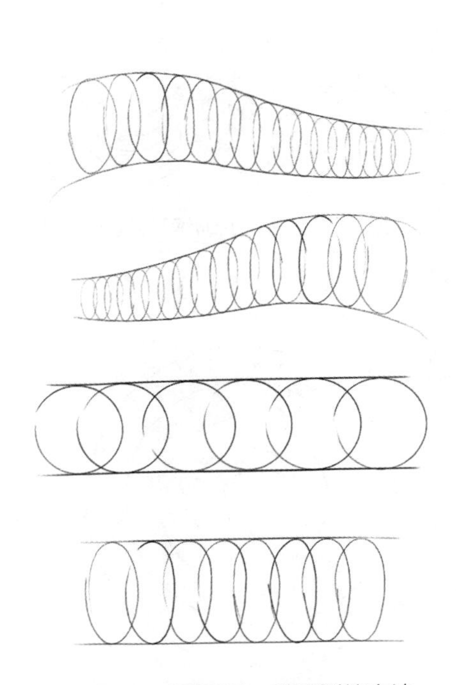

图3-9 画正圆、椭圆训练方法

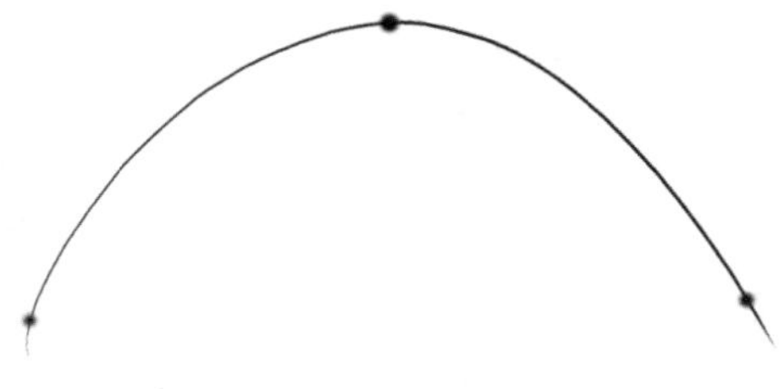

图3–10 曲线的训练方法一

2）抛物线、自由曲线练习方法

（1）三点定线，绘制自由曲线通过这三个点，如图3–10所示。

（2）等高叠加，确定对称中心后，等高绘制抛物线，如图3–11所示。

（3）自由画线，在纸上笔尖接触纸面保持不提笔若干时间，任意画连贯的曲线，锻炼手腕的灵活性，感受笔尖和纸面的摩擦感觉，如图3–12所示。

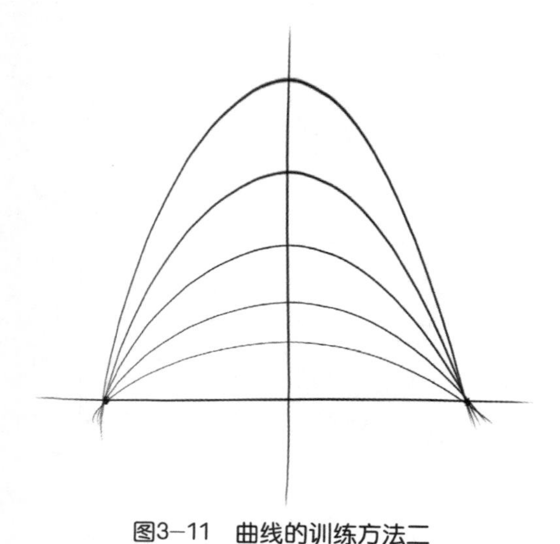

图3–11 曲线的训练方法二

图3–12 曲线的训练方法三

图3–13至图3–15所示为其他的一些训练方法。训练方法可以不断出新，目的就在于能迅速地提高控制线条的能力。图3–16为学生进行线条训练的作业。

图3–13 曲线的训练方法四

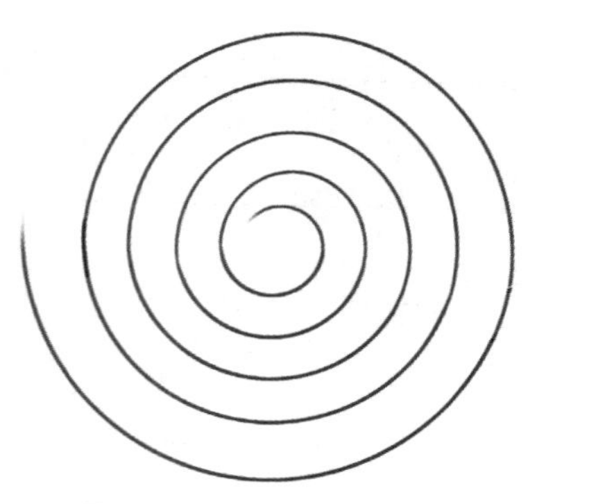

图3–14 曲线的训练方法五

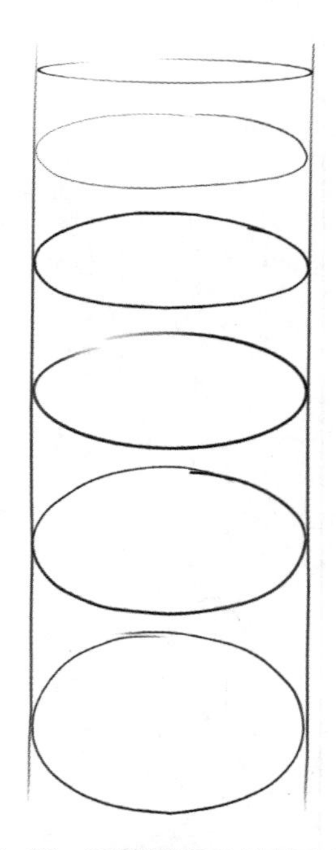

图3–15 圆的透视的训练方法

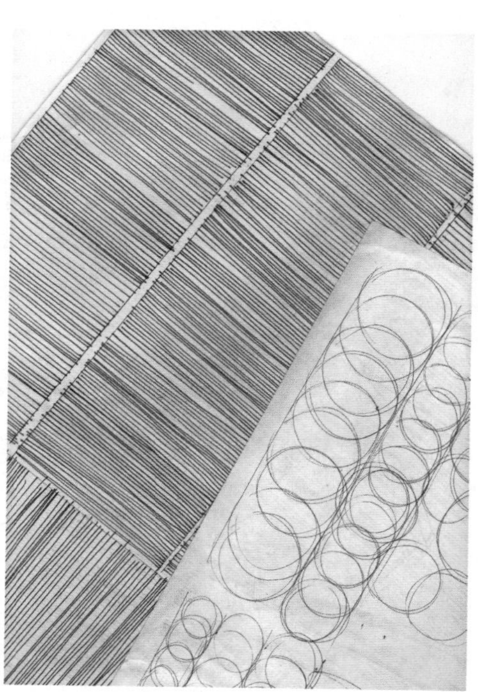

图3–16 线条训练作业

3.2　面的练习

曲面可以千变万化，其自身有着一定的规律，曲面大概可以分为拉伸曲面、旋转曲面、扫描曲面和网络曲面等几种形式。

训练方法：取一张A4复印纸，任意卷曲，形成不同曲面，分别进行绘制，通过动手卷曲纸张，感受曲面的丰富变化。如图3–17至图3–19所示，为曲面的练习。

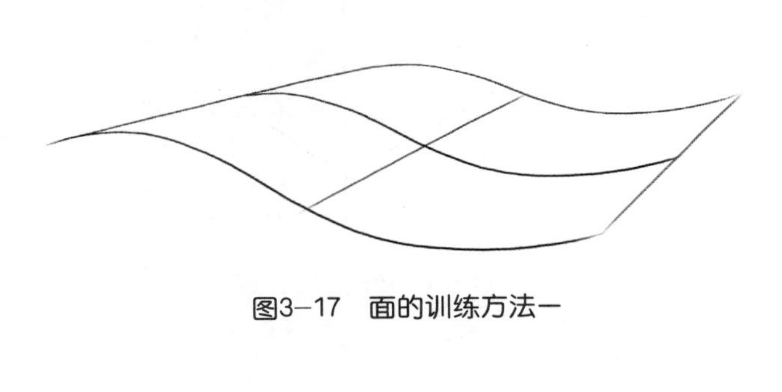

图3–17　面的训练方法一

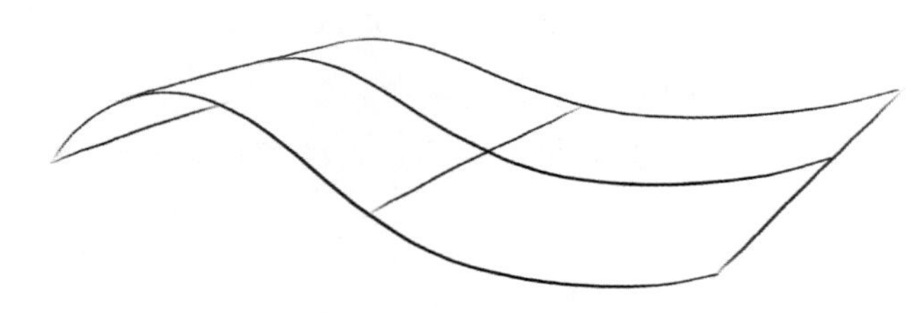

图3–18　面的训练方法二

图3–19　面的训练方法三

3.3　体的练习

任何复杂的形态都可以归纳成简单的基本几何形体。复杂形态一般都是在基本几何体上按照造型规律进行变化的，而产品表面的曲面变化也是有一定规律可循的，因此，在进行产品设计时，可以把产品形态进行拆分剖析，把复杂的形态分成若干简单几何形态，研究该产品形态构成各部分要素组成关系。训练过程中要反复研究现实产品形态与基本几何形态的关系，重在分析提炼形态特征。手绘表达就是要把以上所提到的基本元素进行反复应用，要熟练控制线条以及由线条组成的形体。

基本几何体包括：立方体、球体、椭圆体、锥体、柱体、环体等。实际上对于基本几何体的练习，就是延续上节内容中关于直线、曲线的方法加上透视变化。主要是注意形体的比例和透视。如图3–20、图3–21为体的训练方法。

手绘表达就是要把以上所提到的基本元素进行反复应用，要熟练控制线条以及由线条组成的形体。课后临摹请参考图3–22至图3–25。

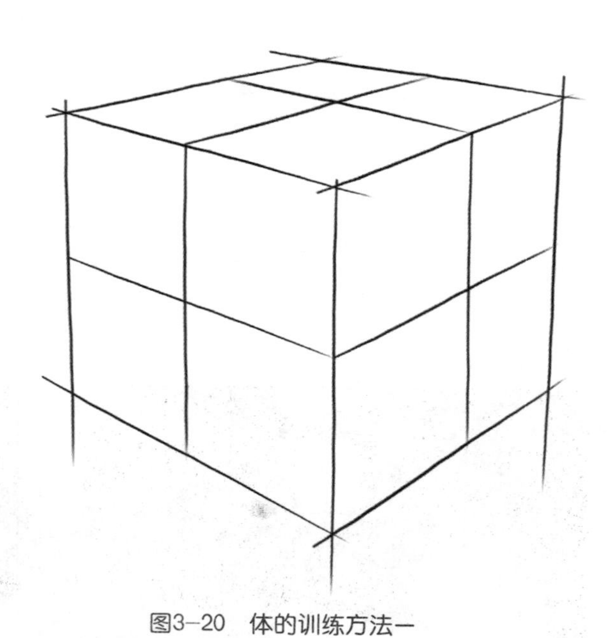

图3-20 体的训练方法一

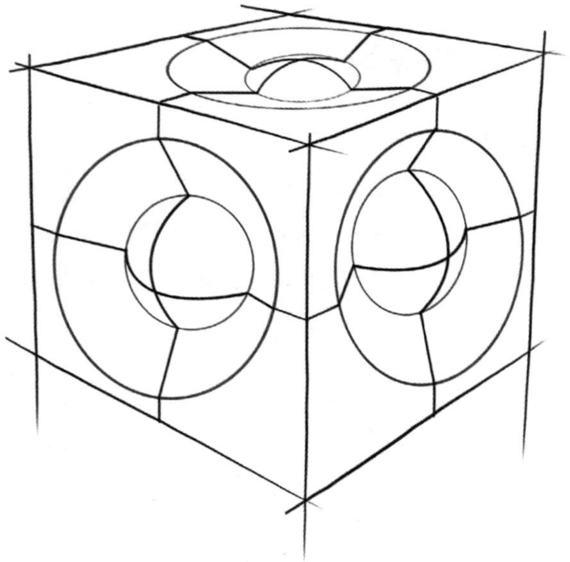

图3-21 体的训练方法二

立方体上画椭圆步骤如下。

步骤一：画一个立方体，注意立方体的透视要准确，三个面分布面积之间的关系（图3-22）。

步骤二：在三个面上画上椭圆，要注意将椭圆控制在每个有透视变化的方形面内（图3-23）。

图3-22 立方体上椭圆绘制步骤一

图3-23 立方体上椭圆绘制步骤二

步骤三：在椭圆之内画小椭圆，注意画的时候一定要有透视变化。强调形态起伏关系，勾画结构线，结构线一定要轻、淡，不要喧宾夺主，注意透视变化（图3-24）。

步骤四：在将整个程序完成之后，可以适当加些明暗调子，以丰富其表现。调子不宜过多，只要能辅助说明形态关系即可（图3-25）。

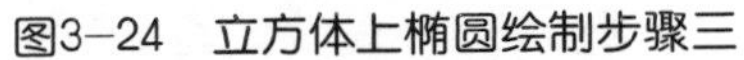

图3–24　立方体上椭圆绘制步骤三

图3–25　立方体上椭圆绘制步骤四

在平时的训练中，可以结合结构素描分析形态的方法来锻炼自己的造型能力。对一些过于复杂的造型进行简化和概括，总结出简单的几何形。通过分析简化造型可以帮助我们将形态复杂的产品转化为容易理解的简单形体，对产品进行分解重构，分析形态各部分之间是如何连接的以及和主题造型有关的细节是什么，从而概括出构成形态的最基本要素。如图3–26所示，选择适合的产品实物或者图片；进行造型的形态构成分析，如图3–27所示。分析清楚造型结构关系以后就可以进行结构草图的绘制了，同时要注意形态的穿插关系、透视关系、造型元素的比例关系，如图3–28所示。

图3–26　选择实物——望远镜

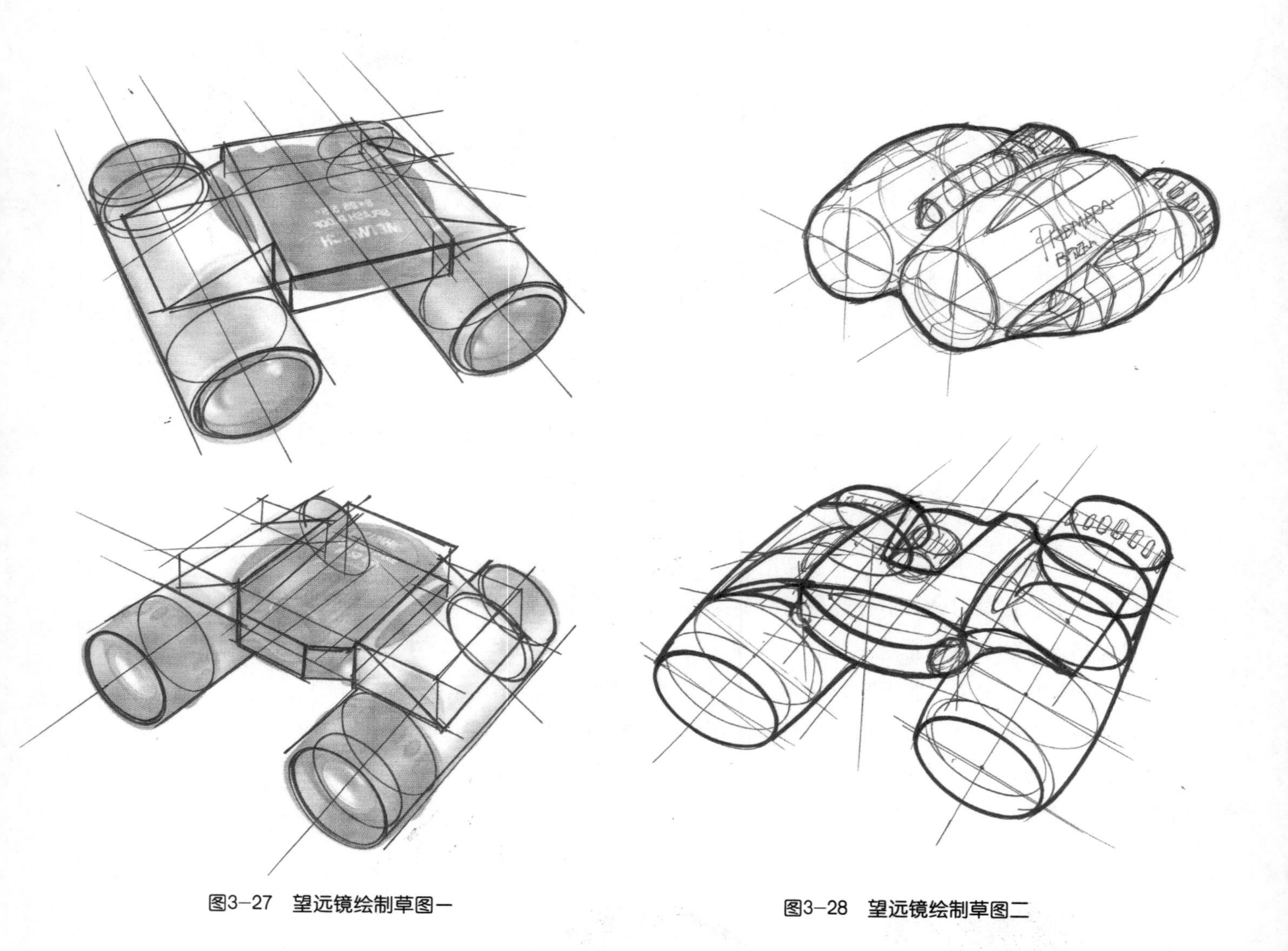

图3–27　望远镜绘制草图一

图3–28　望远镜绘制草图二

适当地加一些结构透视效果可以帮助理解形态的穿插关系，辅助线对造型进行简化分割，可以明确产品的功能分区特点，如图3–29所示。

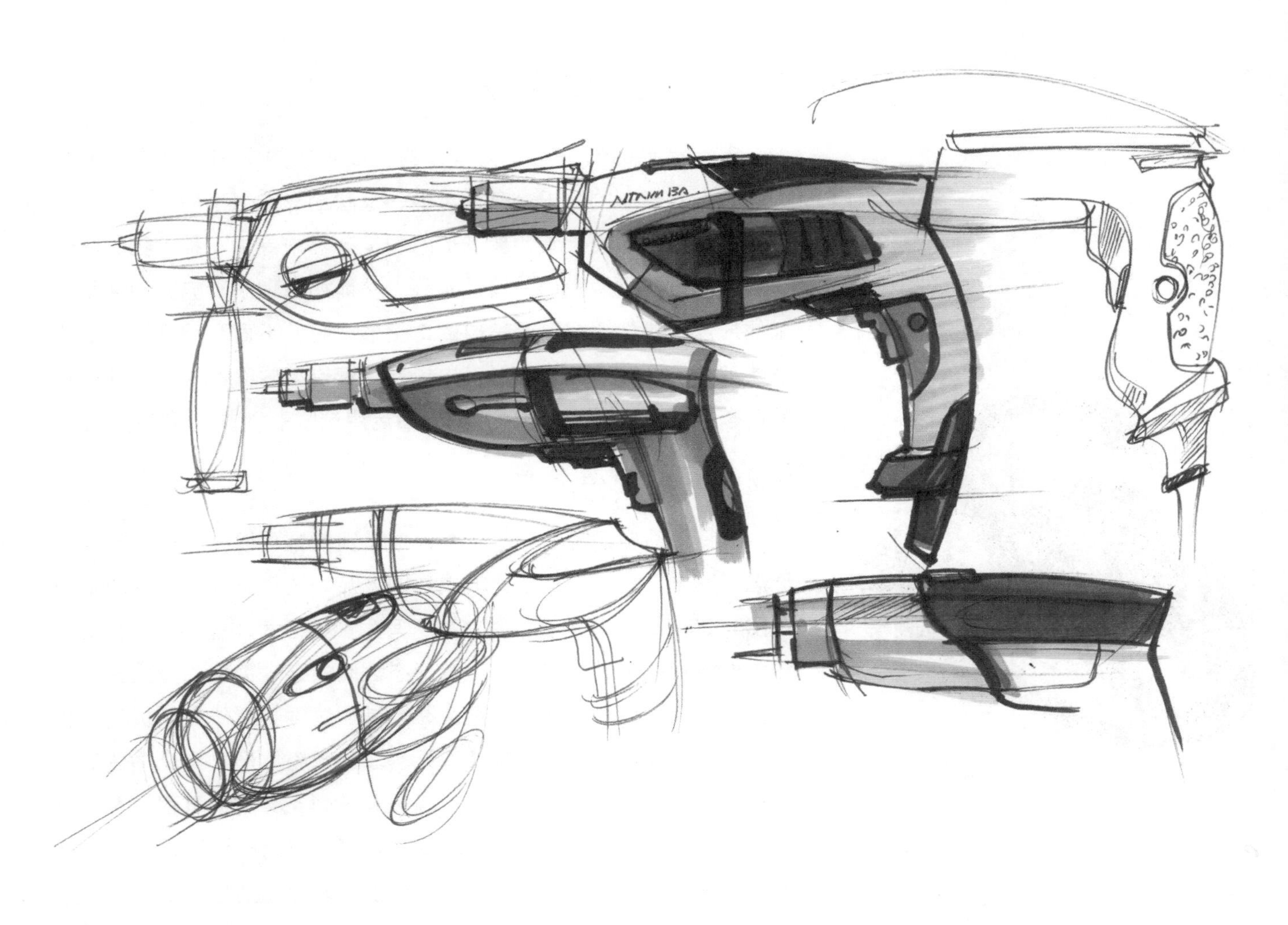

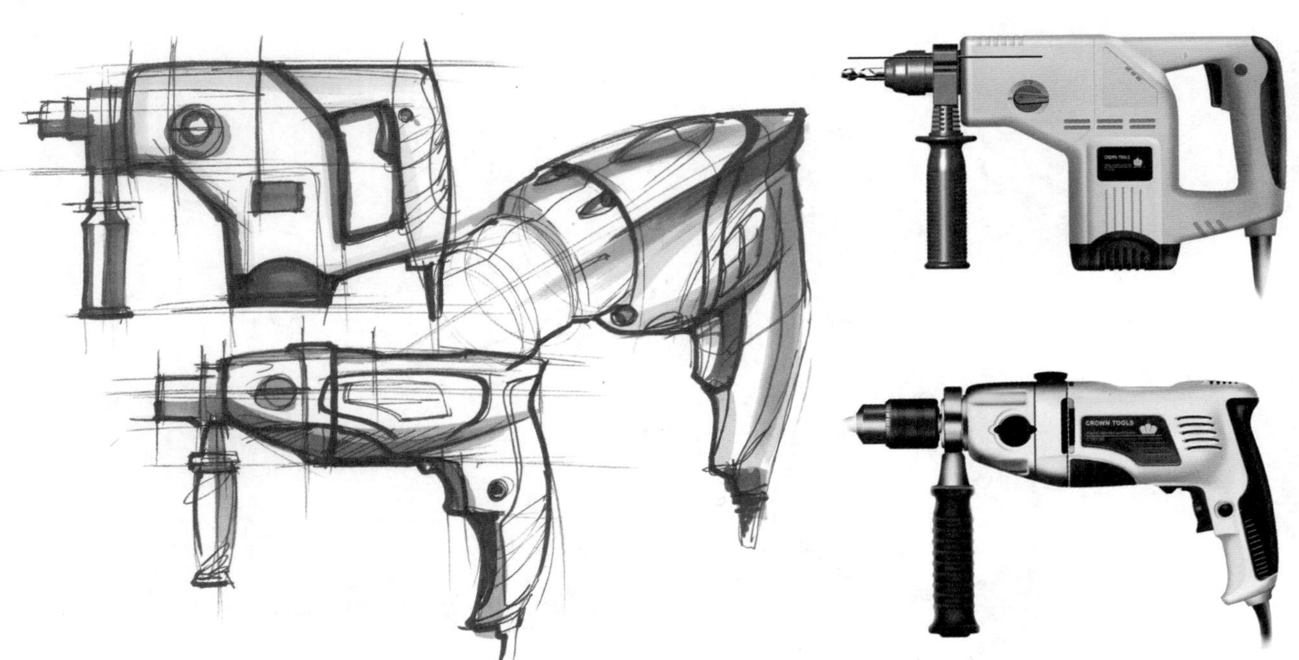

图3–29 电钻的手绘表达

3.4 形态训练方法

客观世界的形态是变化多样的，而想象的空间也是广阔无限的，人们对形态的认识是有差异的，反映出形态想象的多变性与复杂性。作为一个设计者，要从形态的复杂性中寻求一种可控制的形态规律和方法指导我们的设计实践。然而如何理解形态、如何从复杂的形态中找到适合自己需要的造型形式呢？下面介绍几种形态构思的训练方法，通过训练，可以提高阅读造型内涵的能力，从而积累形态素材，并在设计实践中能灵活运用这些素材进行再创造。

图3-30　吸尘器实物

3.4.1 造型分解衍生

选择生活中已有的产品，图片或者实物都可以，尽量选择那些形态相对复杂、形态构成比较成熟的产品。选择一款吸尘器的实物（图3-30），定好角度，对其进行写生，不必太注重细节，针对形体大的结构关系进行描绘，注意形态之间的穿插关系、线条的走势以及构成产品的基本功能分区。在绘制的过程不断研究分析其形态特点，归纳并抽象其形态构成的元素。分解整体形象为个体造型，如图3-31所示。分析的过程其实就是积累形态素材的过程，可以对平时注意不到的造型特点归纳总结，转变成自己的造型语言库。然后把掌握的造型元素尽量地应用到想象中的产品形象中去，可以选

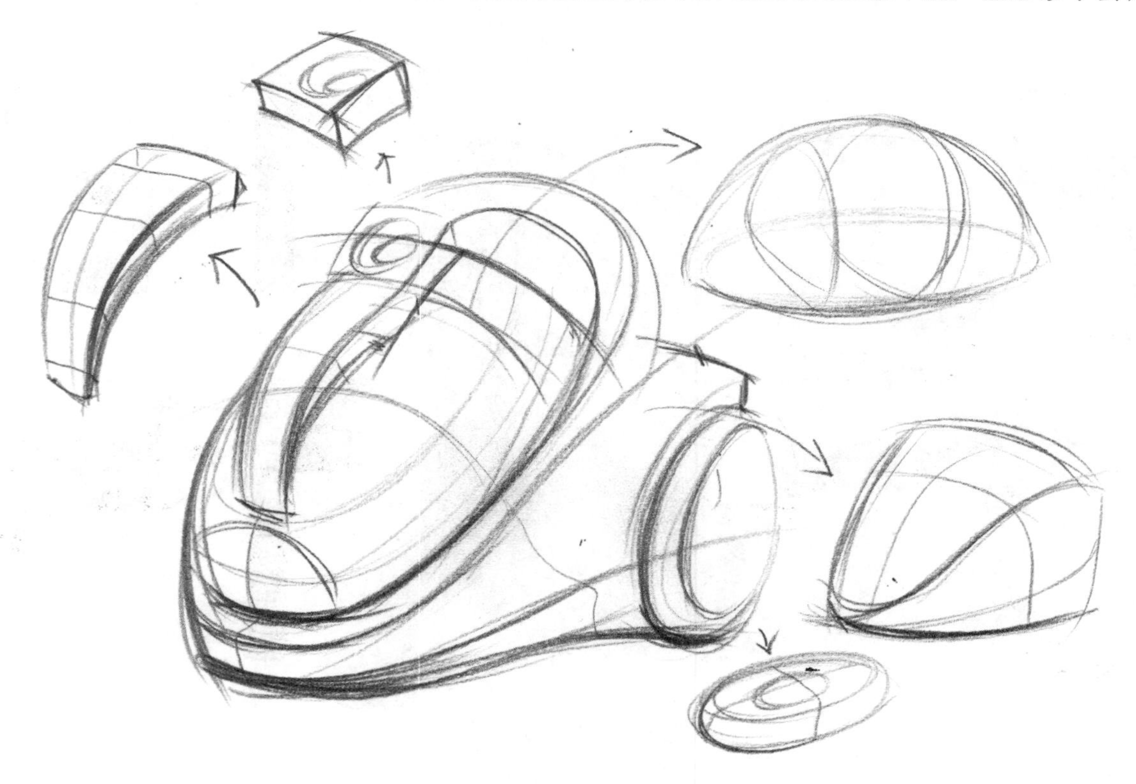

图3-31　分解整体为个体造型

择不同类别的产品，也可以是同类产品，图3–32、图3–33为吸尘器的造型发散构思草图。

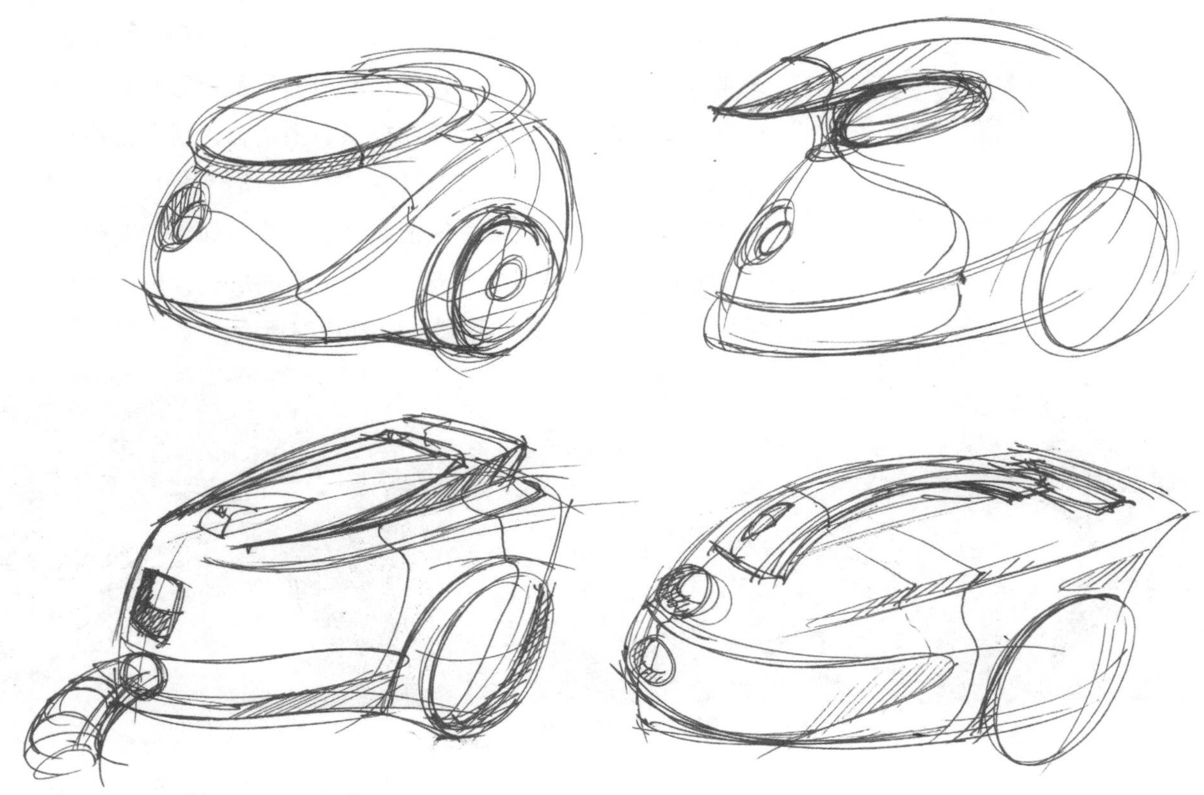

图3–32　吸尘器形态构思草图一

图3–33　吸尘器形态构思草图二

3.4.2 仿生借鉴

人造物体和产品本身都是源自人们想象或受自然界事物启发，其形态大多带有人们自己的主观因素，而植物和动物的仿生写生，要把设计专业学生推到必须进行创造的位置，必须对植物和动物仿生进行提炼加工，为设计活动提供造型语言素材。植物和动物世界为我们提供了丰富多彩的形体、动势、质感和肌理、结构及其节奏，激励设计师去观察、探索和表现，这种训练更有利于直觉和个性的表现，把手绘训练提高到一个更高的层次，更是产品设计人情味表现、宜人性设计的基础，如图3–34所示。

图3–34 仿生借鉴

观察动植物的形态，便可领会到其结构间富有节奏的动势，将其记录下来，分析构成整体的细节造型元素特征，归纳以后展开联想，与我们常见的产品相结合，把抽象到的形态进行实体应用，结合产品的功能进行勾画，这个训练中可以不用过多考虑产品的使用特性，重点在于形态的连贯与比例的协调上。图3–35为海豚与游艇的造型联想，图3–36为章鱼与摄像头形态联想的示意。

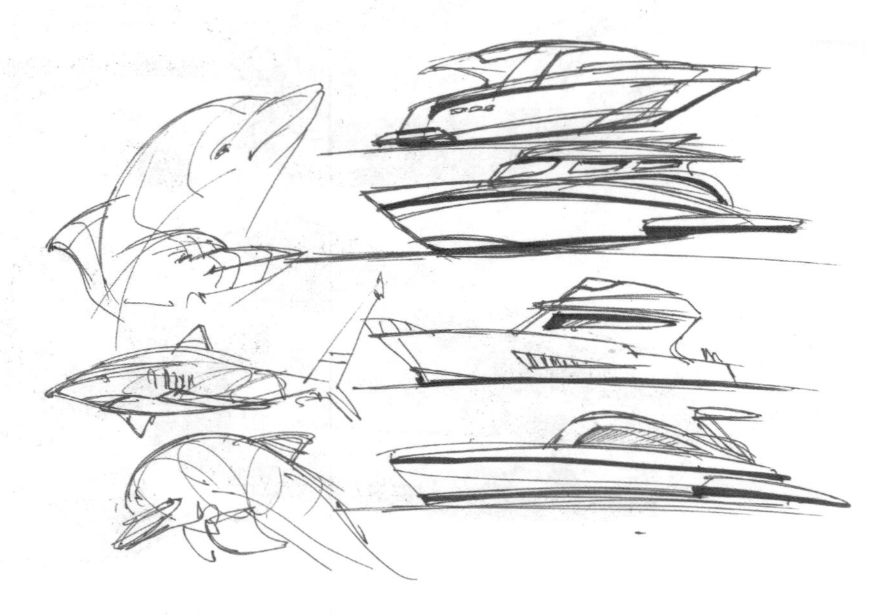

图3–35 海豚与游艇的形态联想

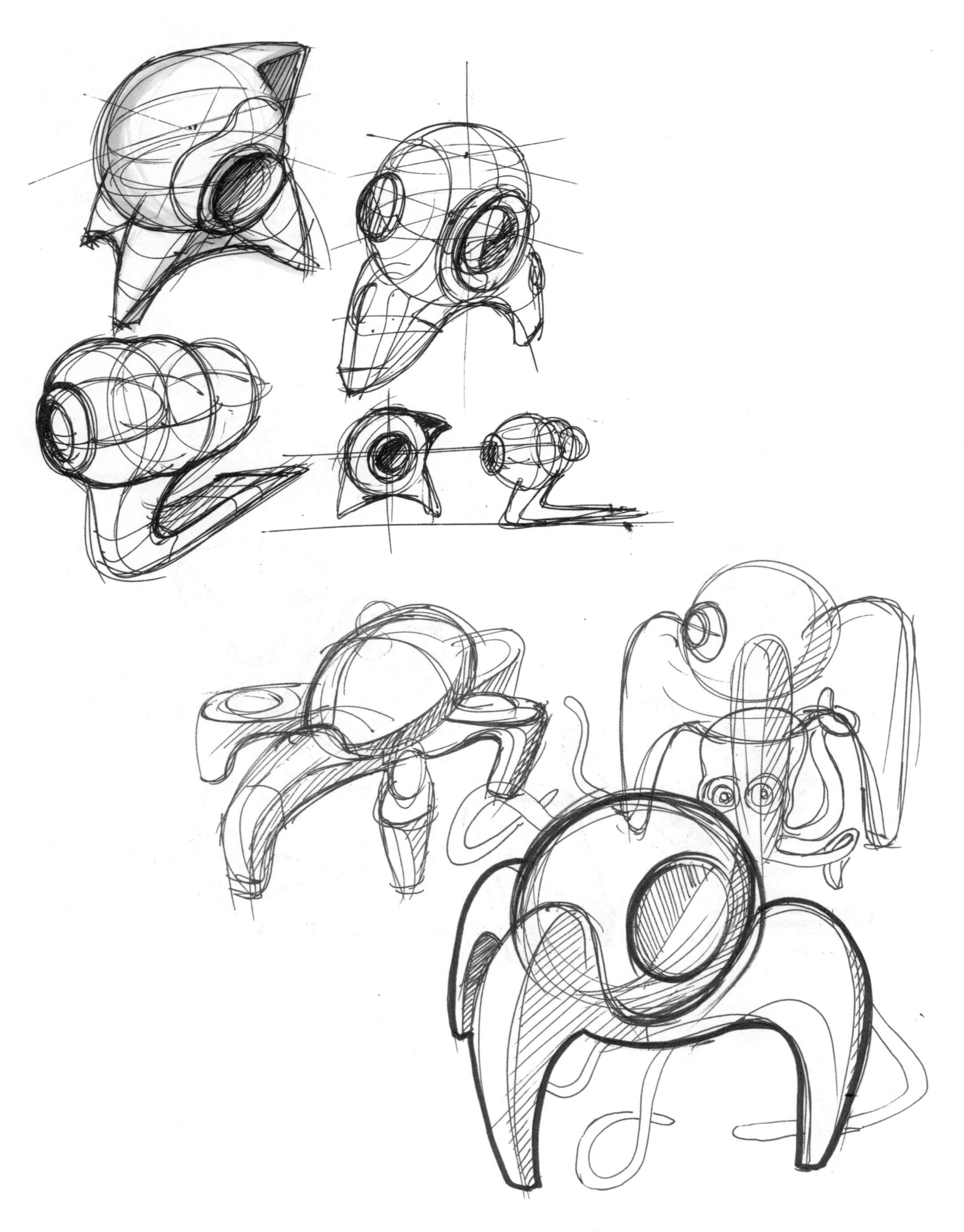

图3–36　章鱼与摄像头形态联想

以下是关于一款拖鞋机的设计构思草图，都是对简单几何形态的归纳，反复组合分析，形成最后的方案，如图3-37所示，对简单立方体进行的造型规划，构成了产品造型的基本形体关系。如图3-38所示，结合了产品的功能进行细节造型的分解，都是在简单图形的基础上进行解构重组的。如图3-39所示，对造型进行了仿生设计，整体为大的椭圆形态，细节椭圆配合整体造型，对体展开切割、叠加等形式变化。图3-40为方案的最后效果和使用分析。

Sketch 1

图3-37　拖鞋机的设计草图一

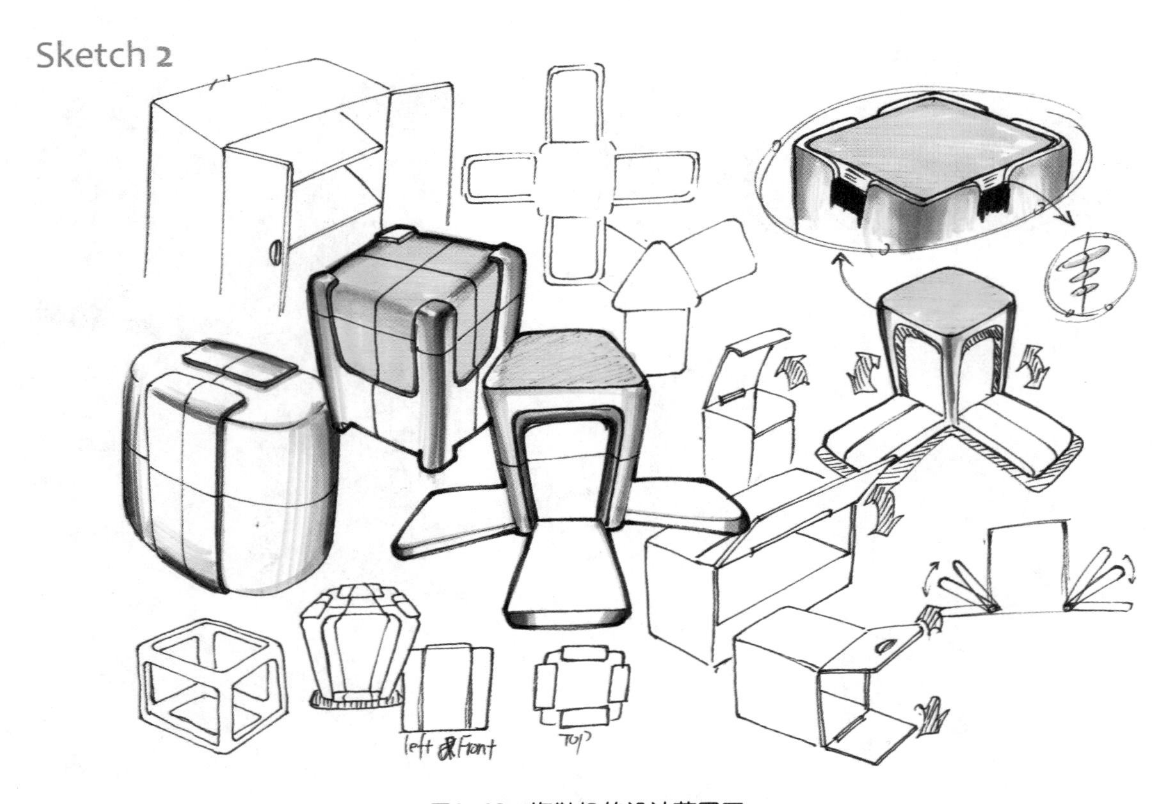

图3-38 拖鞋机的设计草图二

图3-39 拖鞋机的设计草图三

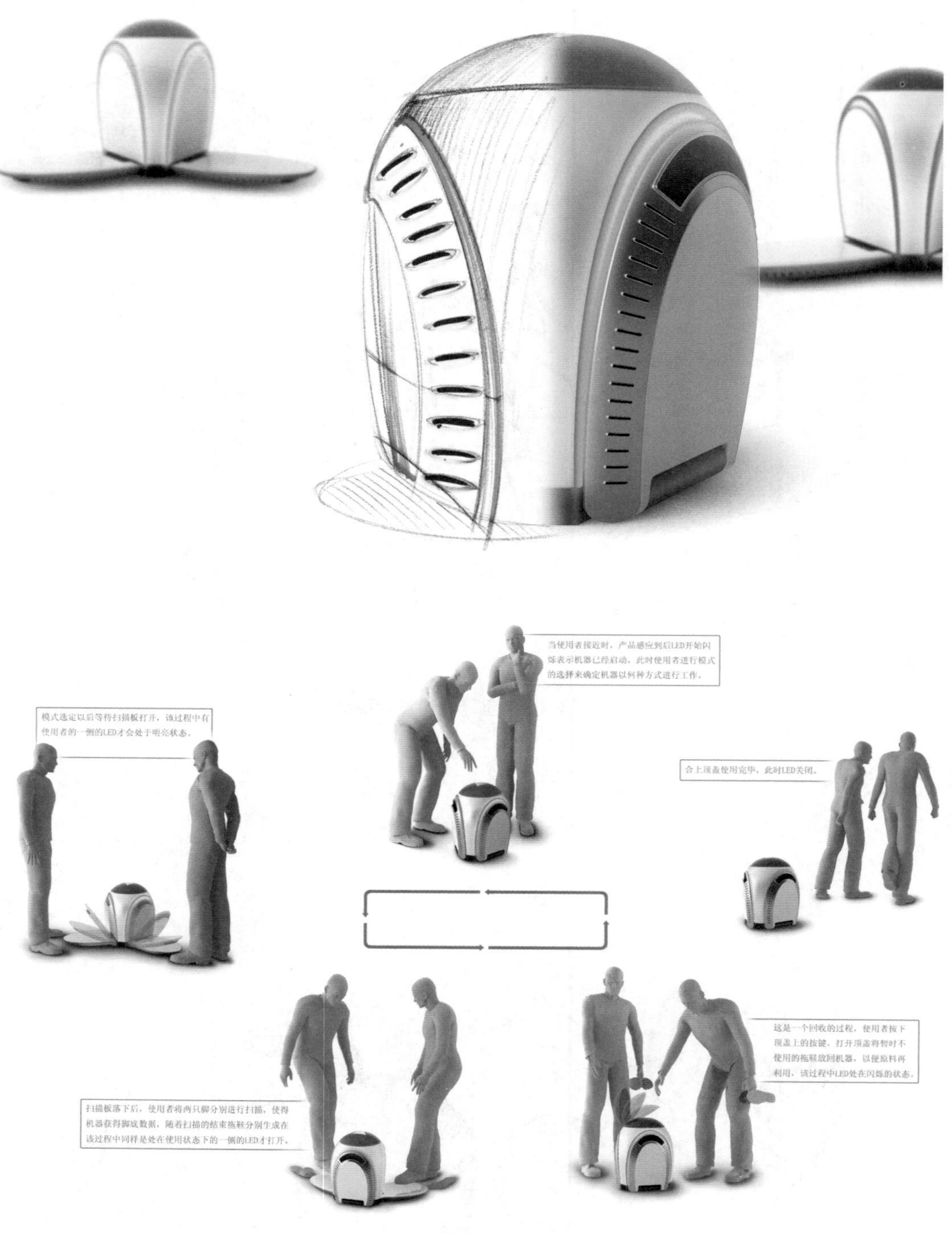

图3–40 拖鞋机效果图

3.4.3 特殊角度产品形态想象

选择一件产品实物或者产品图片，也可以想象自己熟悉的产品进行勾画。打破原有的透视角度，进行大胆的角度变化尝试，颠覆自己一贯对该产品的正常视角，在充分了解该产品结构特点的基础上，发挥想象力，结合所学的透视规律、立体造型的要素，进行形态创造。

步骤一：选择一张常规视角的汽车图片，用单线进行勾画，分析该汽车形态特征，发挥空间想象力勾画出汽车的其他视角线稿，注意各视角之间的匹配关系，结合所学的工程制图知识和电脑建模方法进行深入刻画，重点检查整体比例关系以及透视关系（图3-41）。

图3-41　汽车草图绘制步骤一

步骤二：抓住产品重要形态结构用马克笔进行初步上色，渲染出基本的立体转折关系（图3-42）。

图3-42　汽车草图绘制步骤二

步骤三：深入刻画产品细节，用马克笔不断丰富细节造型，绘制过程中始终要参考定下的透视线，以保证形态透视的准确性（图3–43）。

图3–43　汽车草图绘制步骤三

步骤四：调整完成（图3–44）。

图3–44　汽车草图绘制步骤四

[课堂范例] 图3−45至图3−47。

图3−45　课堂范例：形态练习一

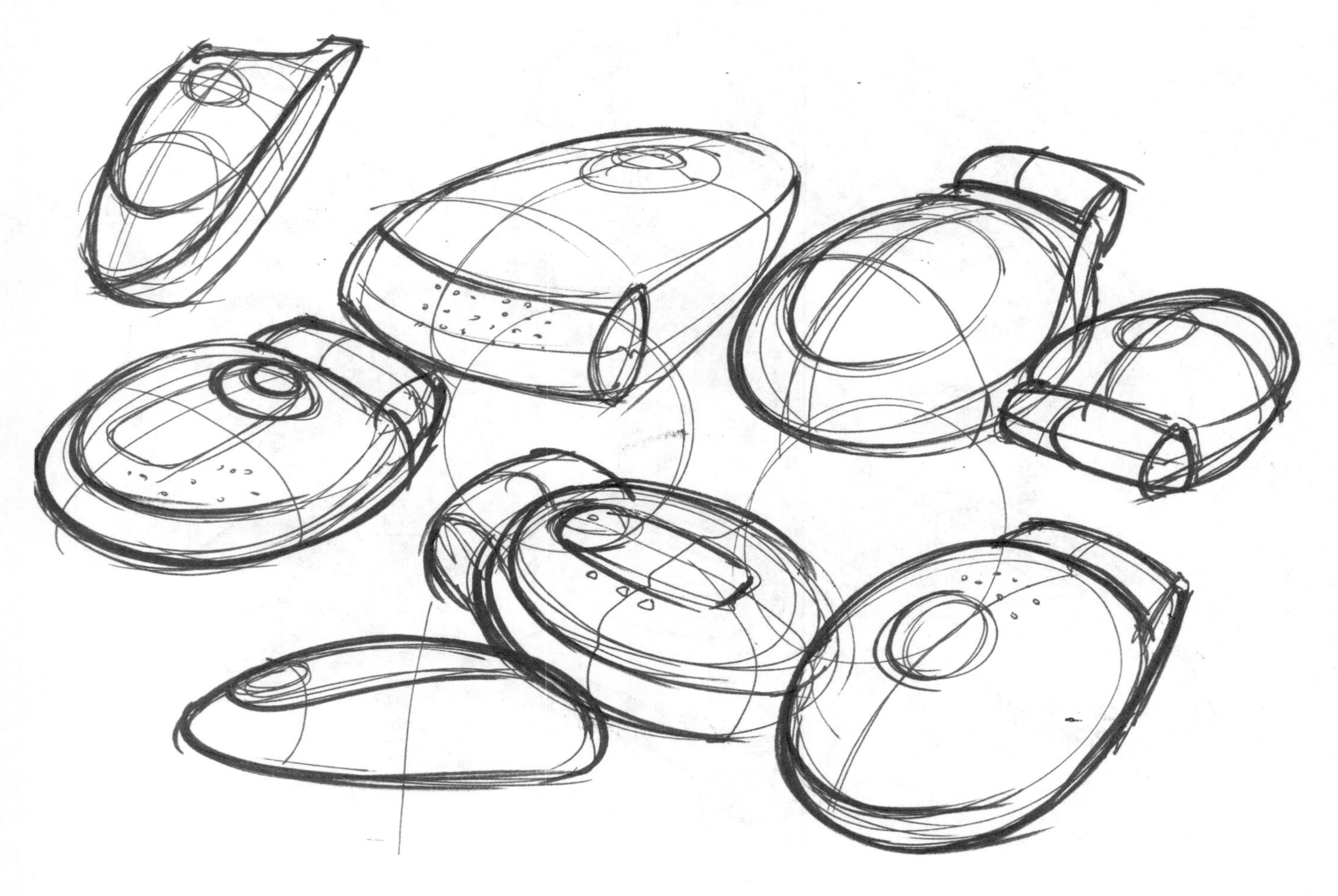

图3—46　课堂范例：形态练习二

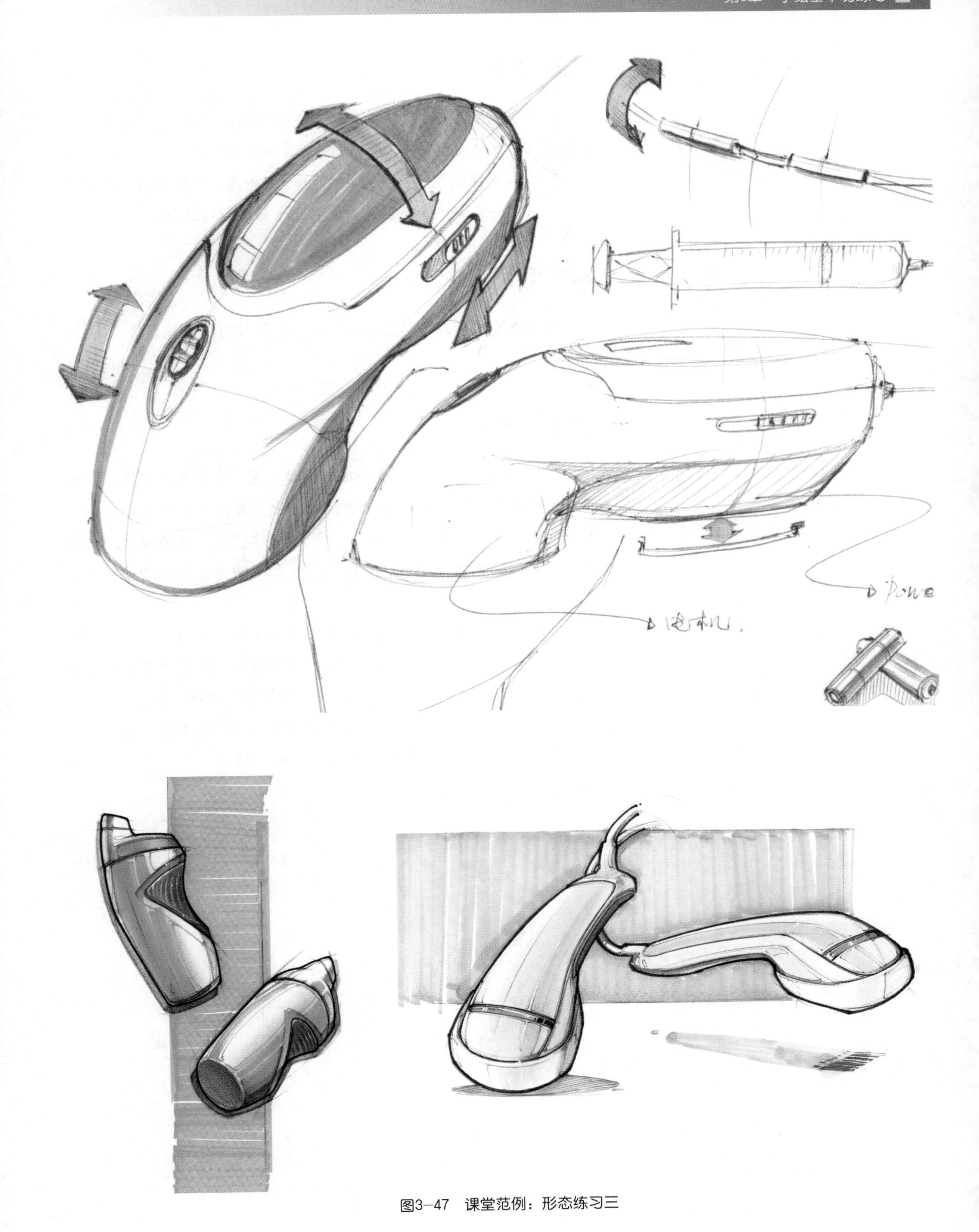

图3–47　课堂范例：形态练习三

本章小结

本章总结了手绘基本功的一些训练方法，目的是为了让学生能迅速掌握手绘的表现特点，即快速、准确绘制形态。主要训练目的是让学生能熟练绘制直线、曲线、正圆、椭圆、曲面和几何形体。总结了三种形态训练的方法并给出了三个形态训练范例。

本章习题

对上述所提到的训练方法进行练习，每种方法各完成作业3张，A3幅面。

训练指导

（1）要想绘制流畅的线条或者形体，必须要把握适当的运笔速度，如果慢了，线条就会显得很绵软，会产生细细的抖纹，如果快了，则难以控制行笔的轨迹，会出现“小尾巴”，致使画面组合起来显得凌乱。可以尝试使用马克笔进行简单渲染，辅助线条找准形态透视关系。

（2）训练过程要注意坐姿，要像练习毛笔字一样，保持身形端正，桌面要与头部保持固定的距离，视野越大，笔所能控制的范围越大，画出来的形态就越整体，也比较容易把握透视关系。

（3）勾画线条时候保持手腕相对固定，以手臂为轴，这样可以使线条稳定有力，尤其是在画直线、圆形和椭圆时要注意保持这样的姿势。

第4章 产品设计手绘草图表现

教学目标

本章介绍了产品设计手绘草图表现的技法，通过步骤分解图示，让学生参考绘制过程进行练习，了解和掌握各表现技法的形式特点，了解工具的特性和用法，最终能熟练运用这些技法来自由表达创意构思。

建议学时

16学时。

人们把产品设计表现图分为设计草图和效果图两大类，产品设计表现图是设计表现中最能深入、真实地表现设计方案的形式、一般以透视画法为基础，通过具体的表现技法和手段进行表现，效果图技能是设计师必备的专业素质之一。

产品设计表现图主要分为设计草图、手绘效果图、计算机绘制效果图、数字草绘四大类。

（1）设计草图。用速写钢笔、签字笔或马克笔以及其他各种可能使用的绘图工具，灵活、快速、流畅地表现出脑海中想到的每一个方案。其大的形态特征及轮廓，可以用彩色铅笔、马克笔等辅助工具描绘阴影及表面色彩。设计草图主要有线描草图、素描草图和淡彩草图等几种。

（2）手绘效果图。在设计草图大量筛选、淘汰的基础上，最终确定最佳方案。将该方案进一步完善化，并对基本定型的方案通过较正式的效果图方式来表达。常见的产品设计效果图有钢笔淡彩画法、水粉（水彩）底色画法、马克笔色粉画法、高光画法以及色纸画法等。

（3）计算机绘制效果图。正式效果图完全可以由计算机来操作。犀牛、3D MAX等软件，不仅能够立体地表现未来方案的形态、轮廓，还可以随心所欲地表达出产品的色彩、质感、材料特点和光源处理，甚至可以进行动画编辑、演示操作状态和使用环境。

（4）数字草绘。数字草绘（Digital Sketch）相对于以往的草绘方式而言，显得更加灵活和便捷。通过数位板（屏）作为输入媒介，在真实模拟马克笔、彩铅、针管笔等设计工具的物理特性的同时，引入图层这一重要概念，并且还能够根据施加压力的不同，表现出丰富的笔触变化。既可以进行快速方案构思，也可以进行深入细致的刻画，建议读者掌握一定的数字草绘技术，从而能够绘制出更加出色的设计方案。

数字草绘软件的最大特点是完全以数字模拟的手段将纸上作业的传统过程转移到电脑屏幕上来，通过模拟各种传统绘画工具的特性和图层的叠加来达到表现目的，在过程和效果上更加自由、出色，但前提是必须配备专门的数字输入设备，如数位手绘板（屏）等。常用的软件有Alias SketchBook Pro、 Corel Painter和Photoshop等。

本章将介绍产品设计手绘草图和手绘板绘制表现的方法。

4.1 线条表现

这是手绘表达最基本的组成部分，也是产品设计手绘表达最直接、最方便的表现形式。随身携带一支笔就可以解决很多问题，可以体现设计师的设计素质。线条本身具有很强的表现力。初学者最容易犯的毛病是线条运用不够果断，画面线条较乱，比较琐碎，以致影响了对设计构思的把握。这就需要长时间的反复练习，这个过程是没有捷径可走的，要勤学苦练。如图4-1所示，流畅的线条勾画出产品形态的圆润效果，重点转折处加强用笔力度进行强调，适当配合暗部排线，渲染出基本的形态感觉。

用单线绘制产品爆炸图也是常见的表现形式，爆炸图主要用来表现内部零件与外壳之间的结构关系，可以作为结构设计和工程设计的参考，用来探讨装配时可能遇到的问题。同时也是分析产品形态关系的重要依据，在充分了解产品的基础上展开设计构思或者后期展示方案，为进一步的计算机绘制三维效果图打下基础，如图4-2、图4-3所示。

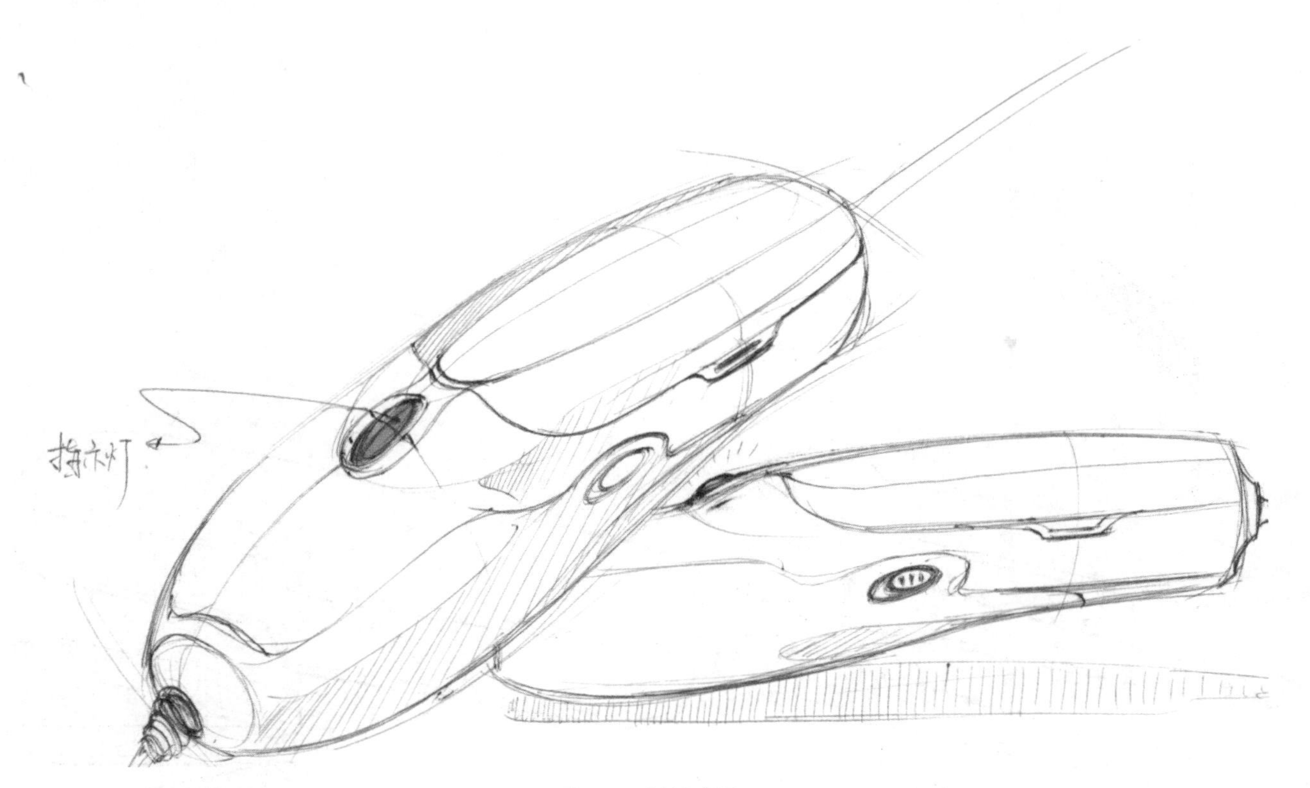

图4-1　单线表现

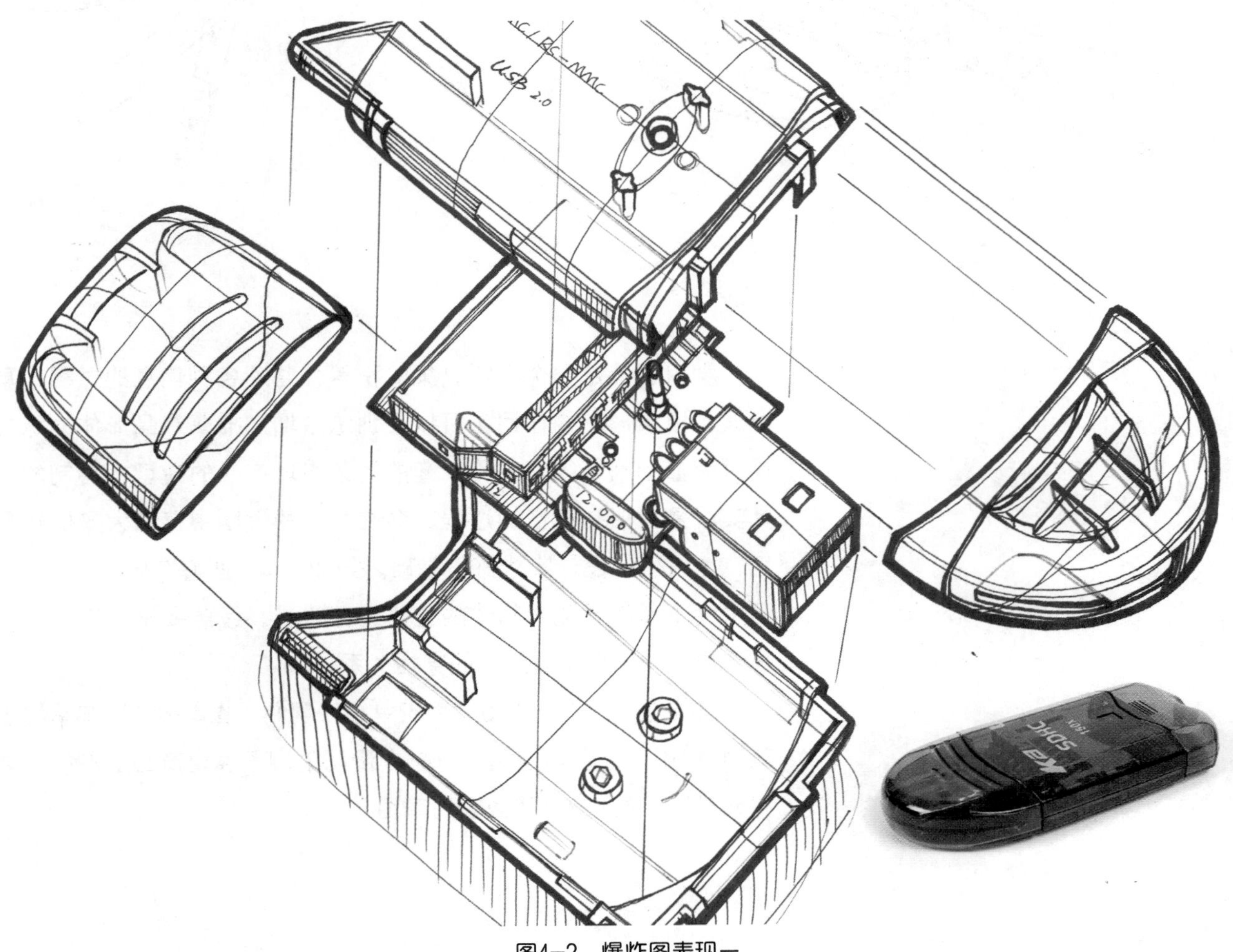

图4-2　爆炸图表现一

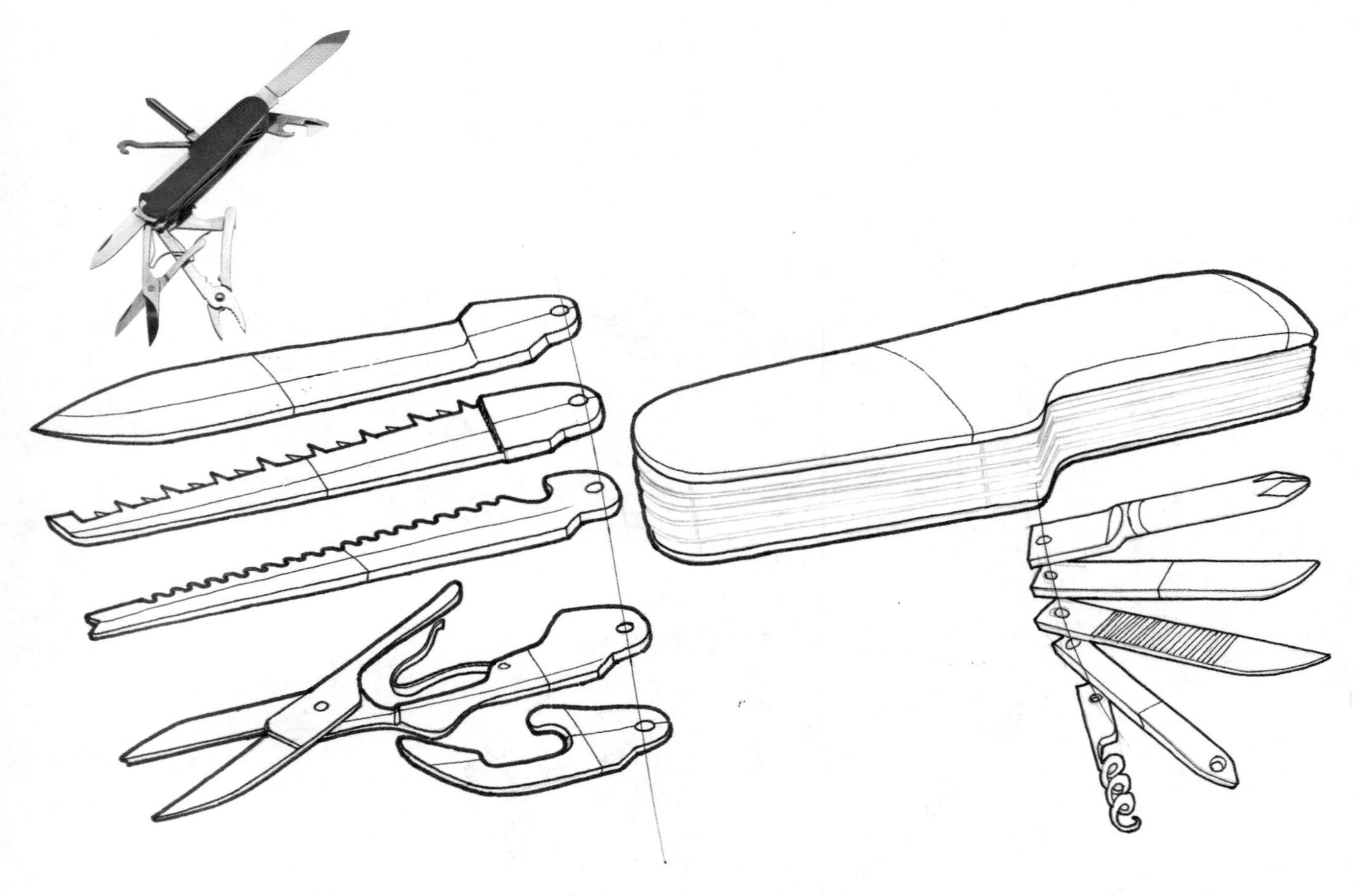

图4-3 爆炸图表现二

学习设计是一个不断收集、积累、整理各种信息的过程，草图能起到记录形态的作用，可以在训练中增加描摹产品形体的练习，通过大量的临摹练习，用严谨的线条表现产品的造型，绘制的过程其实就是对形态记忆的过程，会在我们的大脑中存储大量的造型信息，为以后的设计实践打下基础。如图4-4、图4-5所示，描画的过程中会不断地强化对物体的立体造型感受。线条要求严谨，形态描画到位，分析细节与整体的穿插关系。

［课堂范例］图4-5（手表单线表现）、图4-6（汽车单线表现范例:使用蓝色彩铅绘制，可排少量明暗调子表现产品形态的立体感和光感）、图4-7（线条表现草图）。

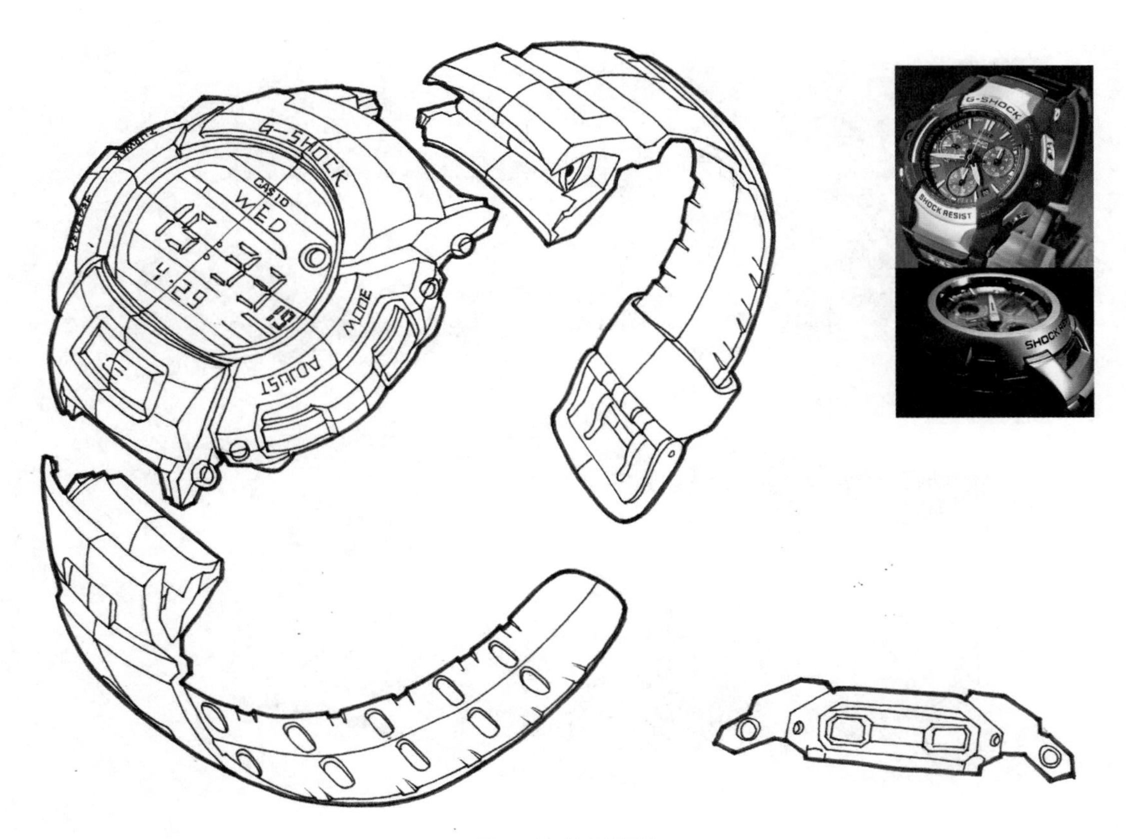

图4-4　线稿表现

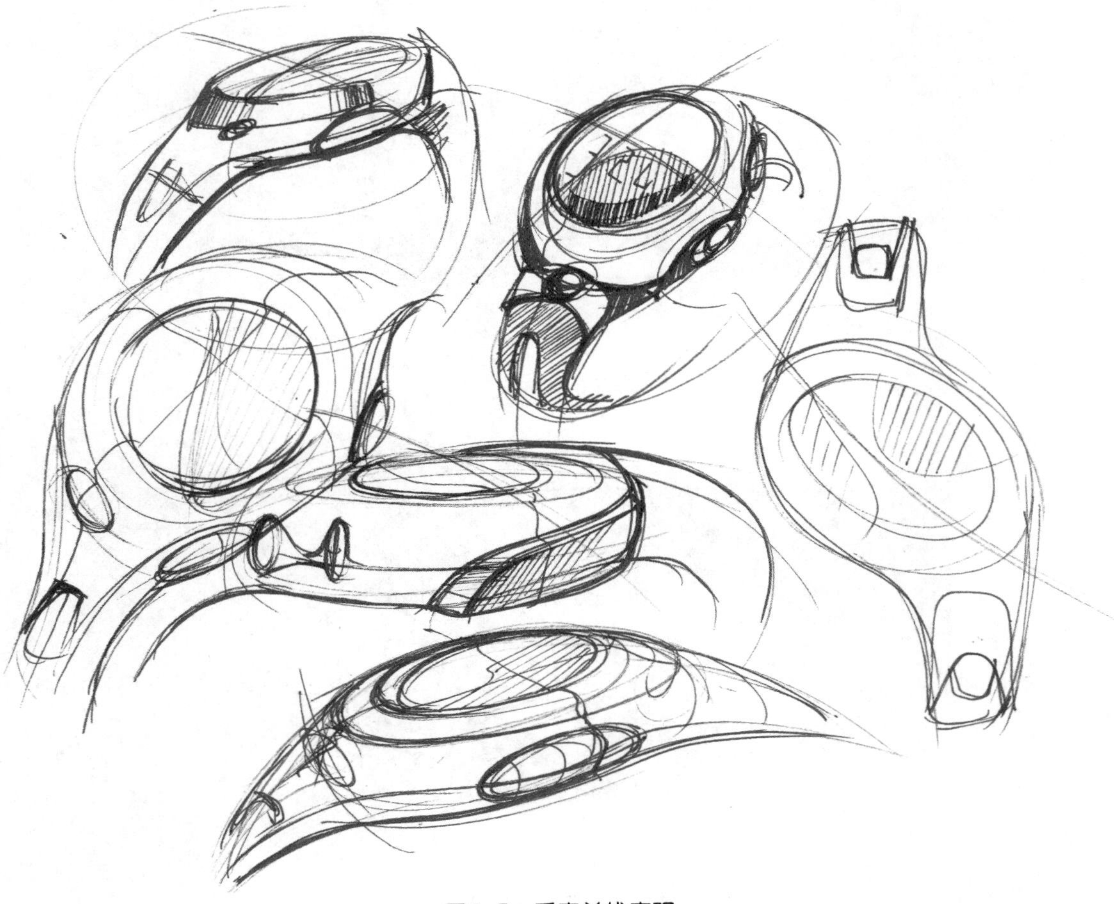

图4-5　手表单线表现

图4-6 汽车单线表现

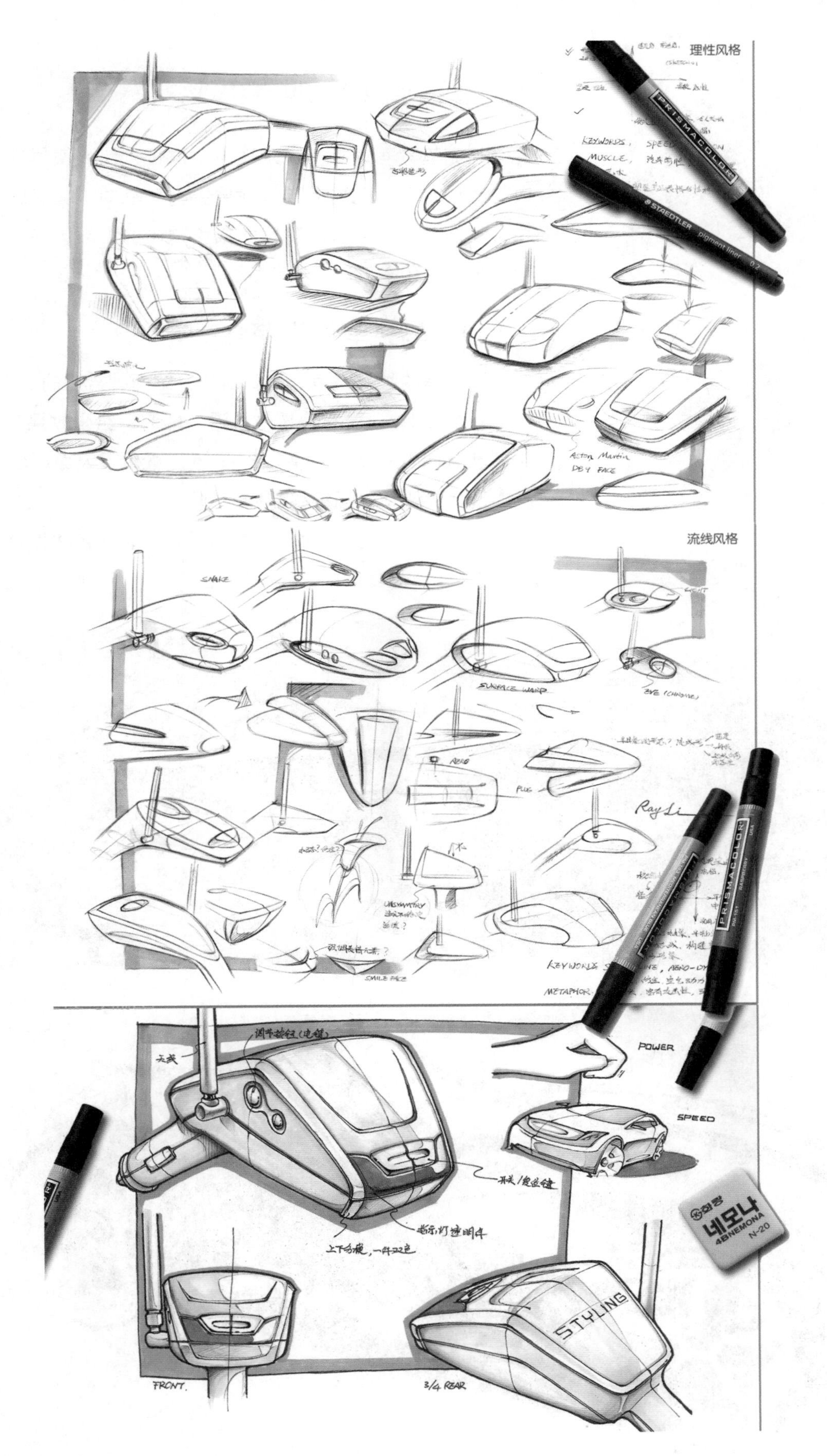
理性风格
PRISMACOLOR
STAEDTLER pigment liner 0.2
KEYWORDS
MUSCLE
Aston Martin
DB9 FACE
流线风格
SNAKE
SURFACE WARP
EYE (CHROME)
PLUG
KEYWORDS
METAPHOR
SMILE FACE
POWER
SPEED
开关/复位键
上下分模，一件双色
STYLING
FRONT.
3/4 REAR
네모나
4B NEMONA
N-20

图4–7　线条表现草图

4.2 马克笔表现

马克笔具有速干、稳定性高、携带方便、使用快捷等优点，可以与透明水色、色粉等结合使用。马克笔的笔头有圆头笔和平头笔两种，圆头笔可以表现轮廓和描绘物体的细节。平头笔可以通过笔尖的丰富变化来表现宽窄和块面。

4.2.1 马克笔种类简介

马克笔的种类很多，在此简单介绍两种常用的。

（1）水性。没有浸透性，遇水即溶，绘画效果与水彩相同，笔头形状有四方粗头、尖头、方头等，适用于大面积的画面与粗线条的表现，尖头适用画细线和细部刻画。

（2）油性。具有浸透性、挥发较快，通常以甲苯为溶剂，使用

图4–8 马克笔表现

范围广，能在任何材质表面上使用，如玻璃、塑胶等都可附着，具有广告颜色及印刷色效果。由于它不溶于水，所以也可以与水性马克笔混合使用，而不破坏水性马克笔的痕迹。

马克笔的优点是快干、书写流利，可重叠涂画，更可覆盖于各种颜色之上，使之拥有光泽。再就是根据马克笔的性质，油性和水性的浸透情况各有不同。因此在作画时，必须仔细了解纸与笔的特性，相互照应，多加练习，才能得心应手，达到鲜明显著的效果。如图4–8所示，是绘制得比较精细的效果图，主要颜色为马克笔着色，重点强调的是转折部分和重色区域。在设计构思过程中，对于马克笔的使用大都是简单概括的初步效果，以丰富由线条建立起来的形态特征，如图4–9所示。

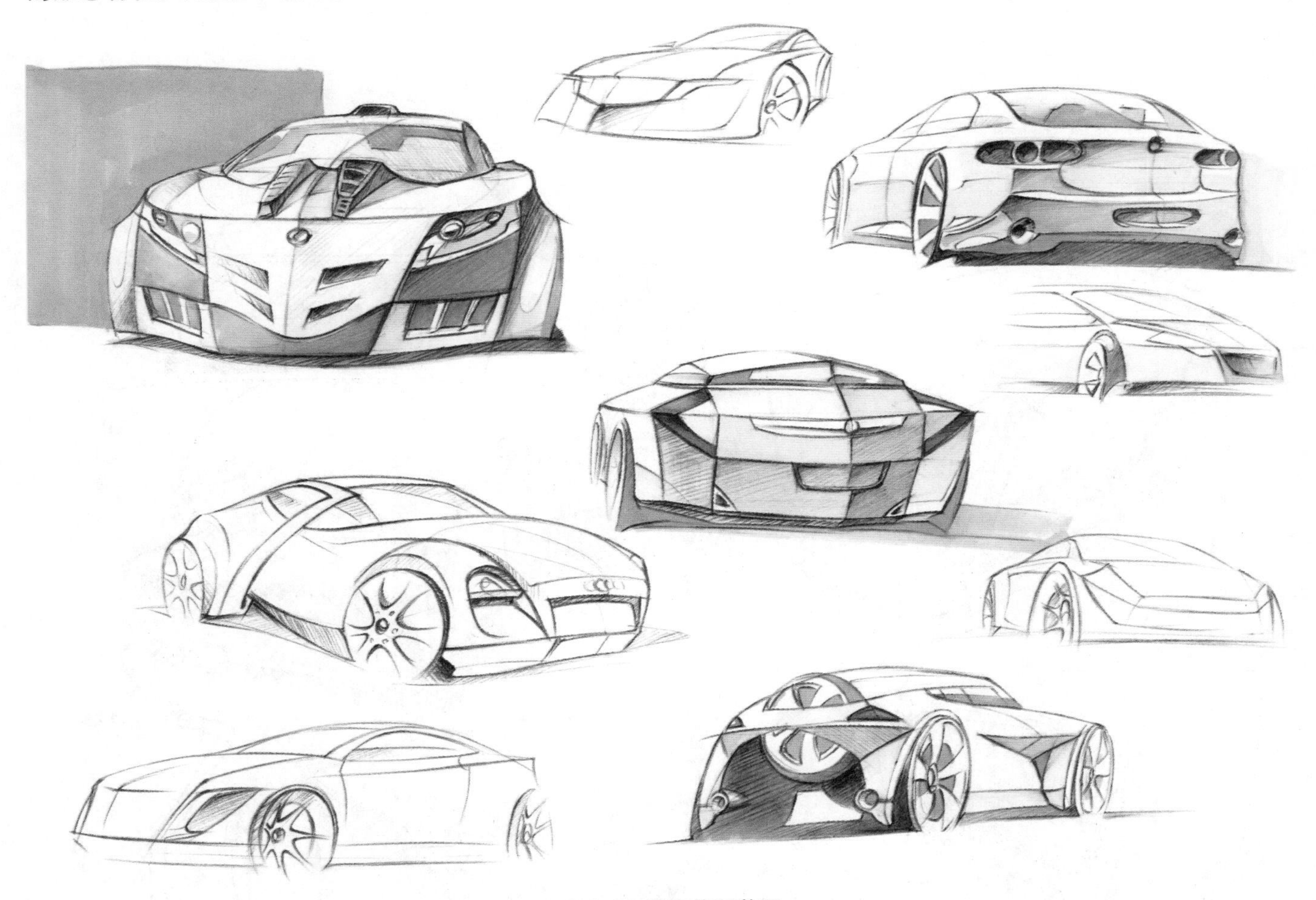

图4–9　汽车构思草图

4.2.2　马克笔练习的方法一

用冷灰系列或者暖灰系列进行草图绘制是目前马克笔应用最多的形式。

（1）先用冷灰色或暖灰色的马克笔将图中基本的明暗关系、形体转折关系渲染出来。

（2）用笔讲究快速、果断。颜色很容易干，可以反复叠加颜色，但把握不好容易出现浑浊的状态，所以应尽量减少用笔次数，以保持马克笔干净透明的特点。

（3）用笔注意笔触的效果，有意识地组织线条的方向和疏密程度，这样整幅画面就有了统一的风格。注意点、线、面的笔触搭配。

（4）上色讲究由浅入深的原则。一步步渲染产品形态的各部分关系，用色适可而止，要认识到马克笔上色只是辅助草图效果，真正起到主要塑造作用的还应是线条。

（5）马克笔可以结合彩铅、水彩等工具使用。有时候马克笔可以予以修饰起到纠正线条失误的作用。如图4—10所示，为单色马克笔上色效果。

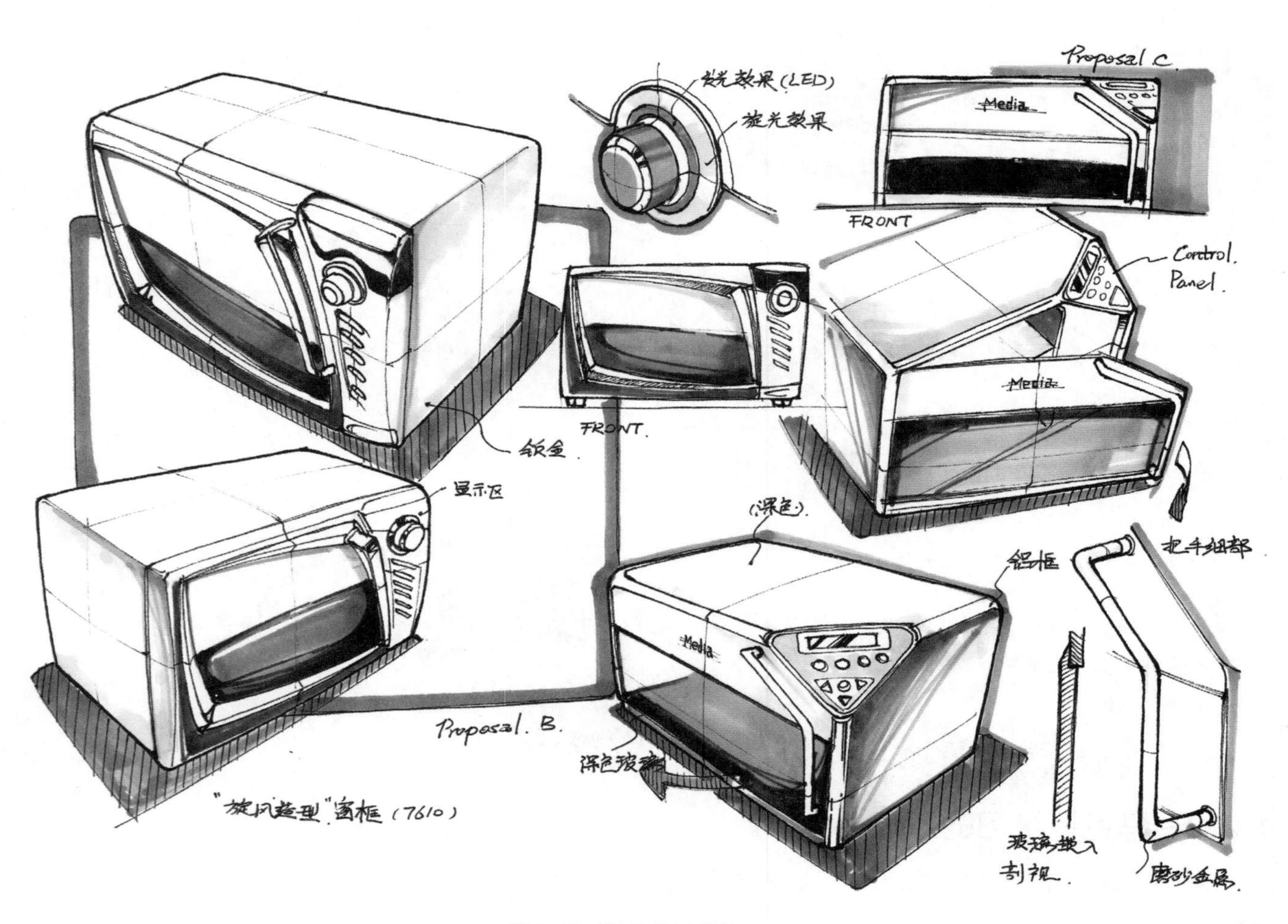

图4—10　马克笔单色练习

1）电吹风马克笔上色步骤

步骤一：用黑色签字笔快速打稿，简单勾勒出产品的基本形态特征，也可以选用铅笔、圆珠笔起稿，可以多尝试各种笔的使用，以找到适合的表现工具（图4—11）。

步骤二：强调主要的形体线，区分主次关系，丰富局部小结构（图4—12）。

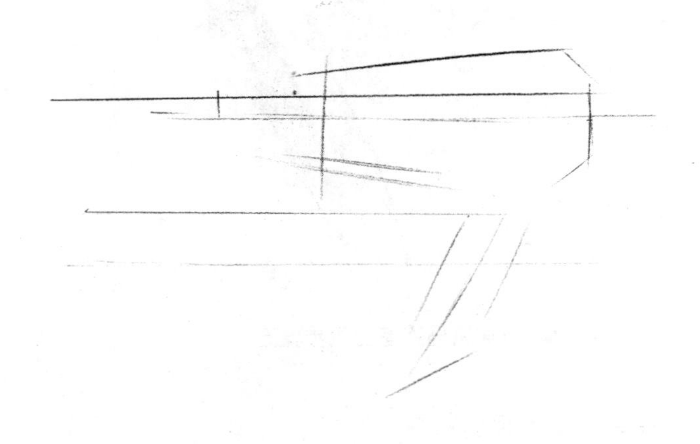

图4—11　电吹风马克笔上色步骤一

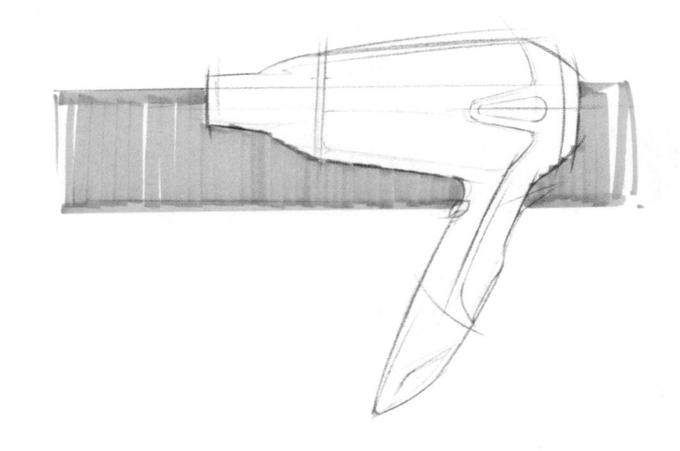

图4—12　电吹风马克笔上色步骤二

步骤三：用浅灰马克笔刻画形体的转折部分，建立起基本的立体效果，用笔要快速、果断，笔触不宜过多；尤其要注意的是，在一个连续的形体面上要用笔连贯，保持形态的完整性（图4—13）。

步骤四：用中灰系列马克笔强调明暗交界线位置（图4—14）。

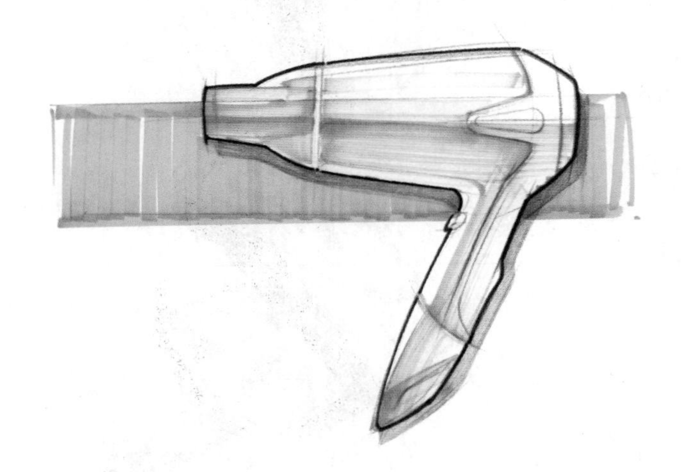

图4—13　电吹风马克笔上色步骤三

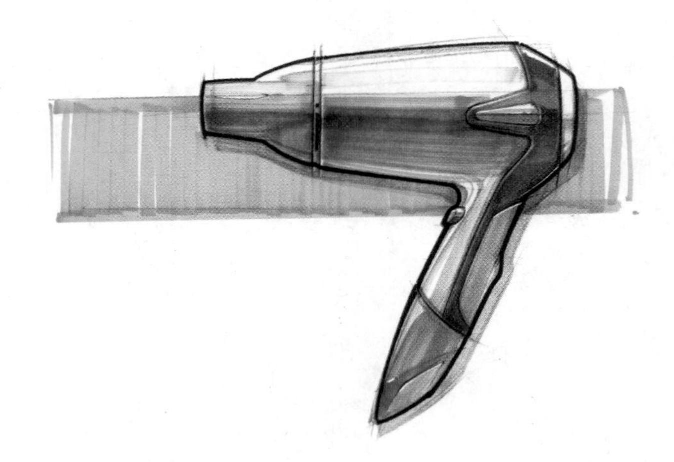

图4—14　电吹风马克笔上色步骤四

步骤五：继续用深灰色系列马克笔渲染效果，最后用黑色马克笔刻画细节暗部，增加黑白的对比关系，建立画面黑白灰效果（图4–15）。

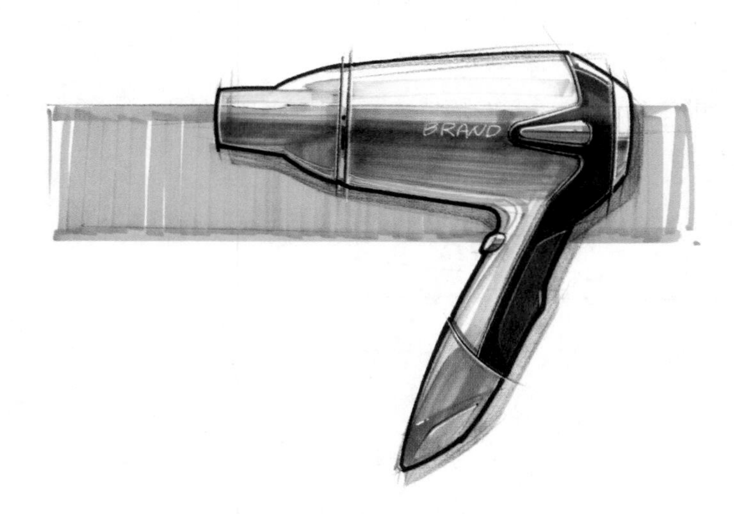

图4–15 电吹风马克笔上色步骤五

图4–16是一些马克笔表现的草图。

图4–16 马克笔表现

2）汽车马克笔上色步骤

步骤一：单线勾勒出大体的汽车外形，注意汽车的透视关系，车身正面和侧面的几条透视线是绘制其正确比例关系的重要参考（图4−17）。

图4−17　汽车马克笔上色步骤一

步骤二：强调结构线的特征，对形体进一步修正，排出玻璃反光的线条（图4−18）。

图4−18　汽车马克笔上色步骤二

步骤三：用中灰色马克笔画出汽车暗部和表面反光的深色区域，注意在同一个形态面上笔触方向要尽量保持一致，用马克笔渲染出车身色彩（图4−19）。

图4−19　汽车马克笔上色步骤三

步骤四：用黑色或者深灰色马克笔刻画车底部、重点形态转折位置、凹陷区域，用来对比出整体大面积的灰色（图4−20）。

图4−20　汽车马克笔上色步骤四

［课堂范例］图4–21至图4–23为几幅课堂参考范例。其构图形式可以借鉴，分清主次虚实关系，构图本身也体现设计师的设计审美素质。

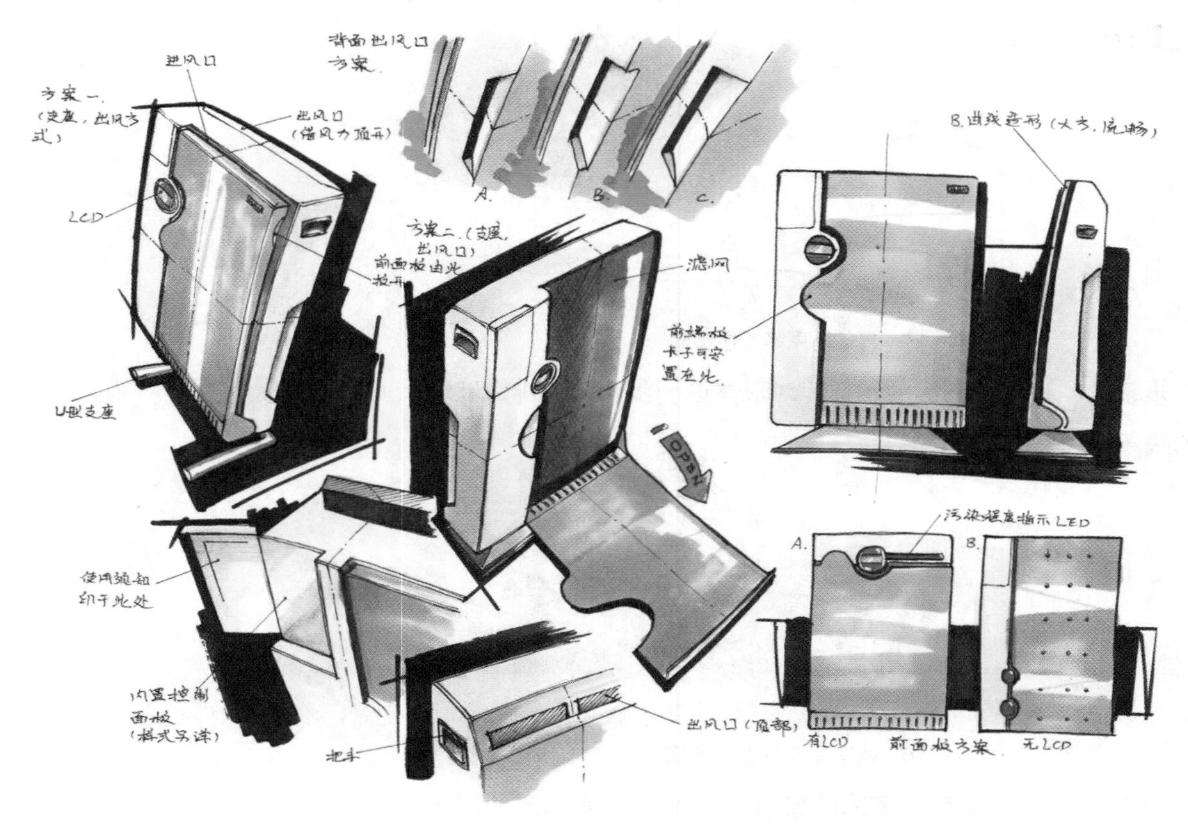

图4–21　马克笔单色练习一

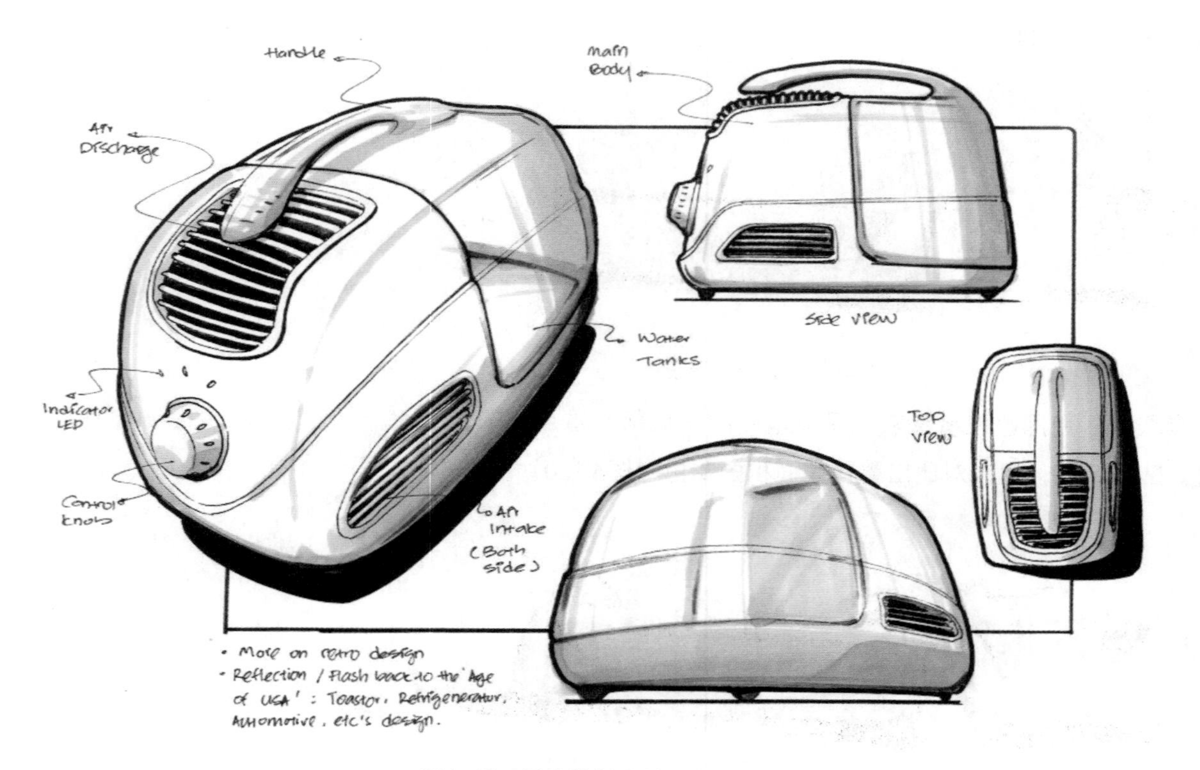

图4–22　马克笔单色练习二

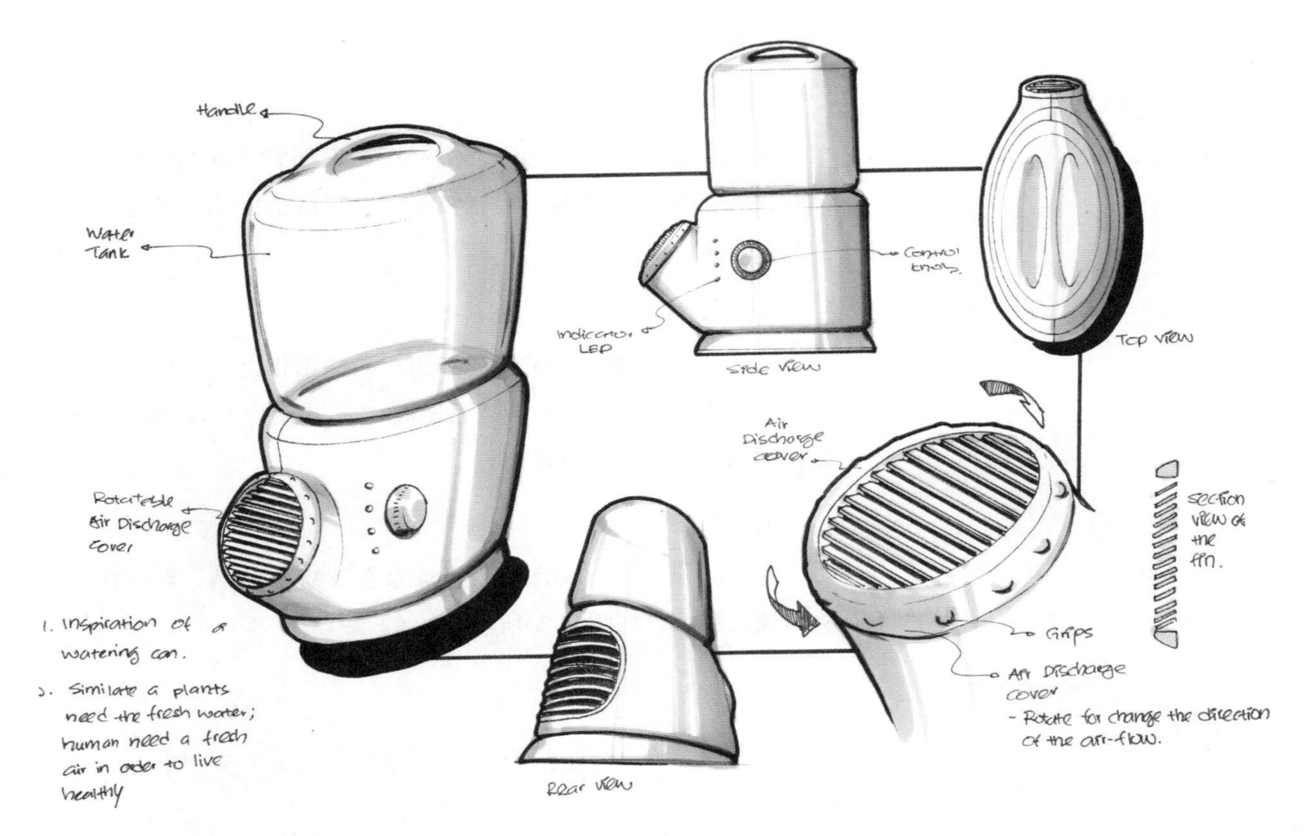

图4-23　马克笔单色练习三

4.2.3　马克笔练习的方法二

1）准备

准备绘画工具，包括马克笔、签字笔、A4打印纸以及临摹对象实物。重点了解马克笔的使用特性，如图4-24、图4-25所示，为马克笔的两种笔头。

图4-24　马克笔笔头图示一

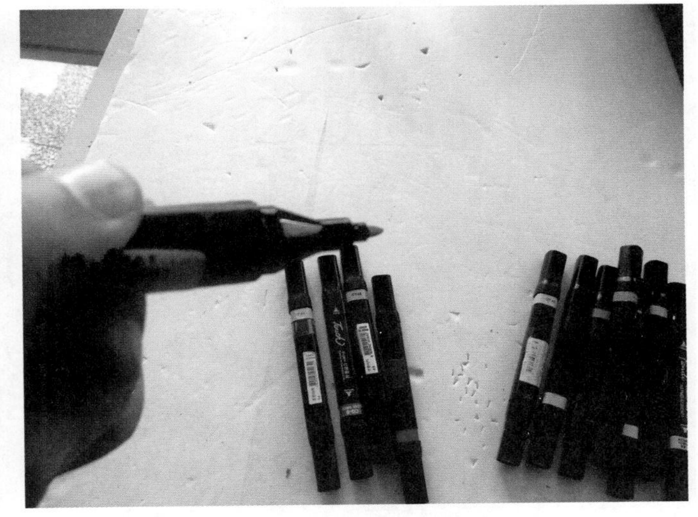

图4-25　马克笔笔头图示二

2）草图

首先是构图，可以用铅笔大概安排一下物体放置的位置，注意主次、大小的关系。

3）正稿

用黑色签字笔勾出物体的形，注意透视变化以及物体各部分的结构关系。加强轮廓线，增强体量感，仔细描绘物体的结构线，如图4—26所示。

4）上色

上色是最关键的一步，应按照产品的结构上色。选用浅灰色打底，如图4—27所示。初步刻画明暗关系，然后逐步加深，塑造形体，如图4—28、图4—29所示。

5）调整

这个阶段主要对局部进行一些修改，统一色调，对物体的质感进行深入刻画，如图4—30所示。

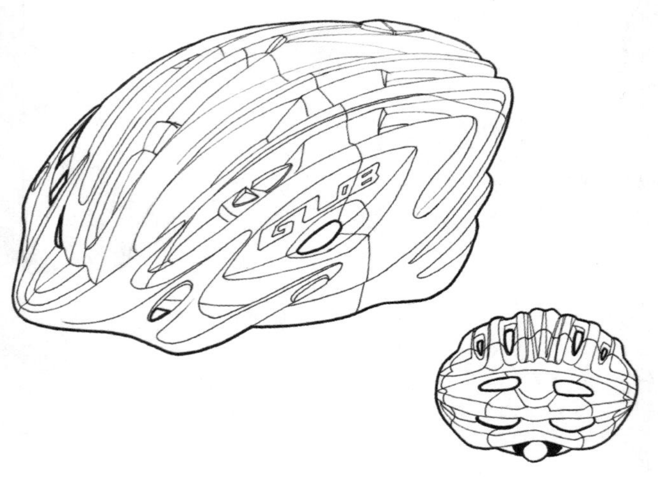

图4—26 单线打稿

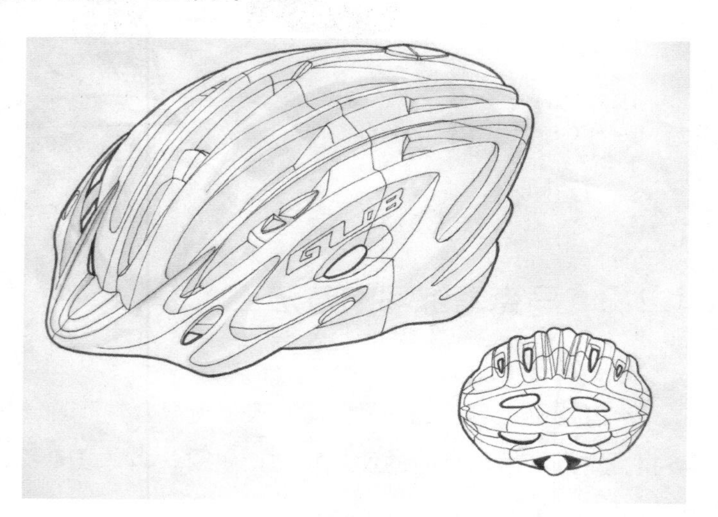

图4—27 用浅灰马克笔渲染大致明暗转折

图4—28 逐步加深强调结构明暗，渲染出黑白灰关系

图4—29 在灰色底子基础上进行上色，主要以灰面、亮面为主

图4-30 最后调整，提高高光、完成

下面以实例介绍马克笔上色的步骤。

1）录像机马克笔上色步骤

步骤一：单线勾画电钻的基本形态轮廓（图4-31）。

图4-31　录像机马克笔上色步骤一

步骤二：确定形体线，刻画细节造型（图4-32）。

图4-32　录像机马克笔上色步骤二

步骤三：草绿马克笔排出录像机基本色调，平铺即可，用灰色系列渲染前部立体效果，区分黑白灰三个层次（图4-33）。

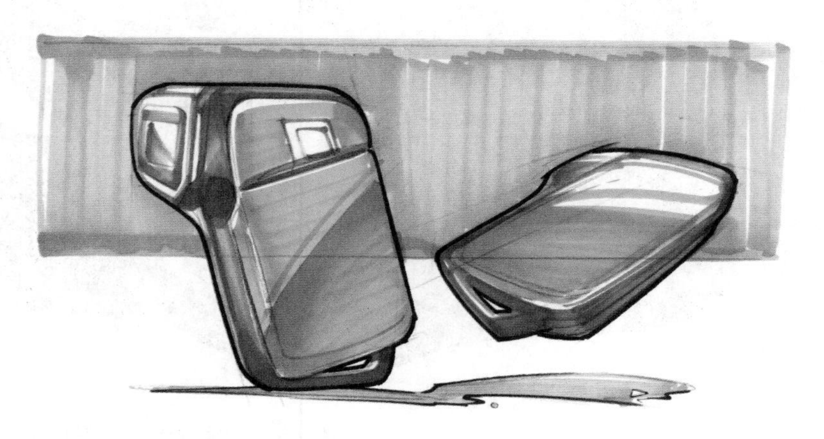

图4-33　录像机马克笔上色步骤三

步骤四：反复加强形体转折位置的色彩，归纳形态组成的几何形式（图4–34）。

图4–34　录像机马克笔上色步骤四

图4–35、图4–36为电钻设计的最后表现图。

图4–35　电钻设计的表现图

图4–36　电钻设计的表现图

以下两幅图片为学生作业。图4—37为微波炉设计草图，电器产品的手绘以灰色调居多，对于暖灰、冷灰马克笔的搭配使用要分清色调主次关系，有对比、有强弱才能使画面协调。图4—38是运动球鞋马克笔上色练习，此图为学生课堂习作，勾画得较为认真仔细，对于形体细节分析得比较到位，马克笔的运用略显繁琐、不甚明快。

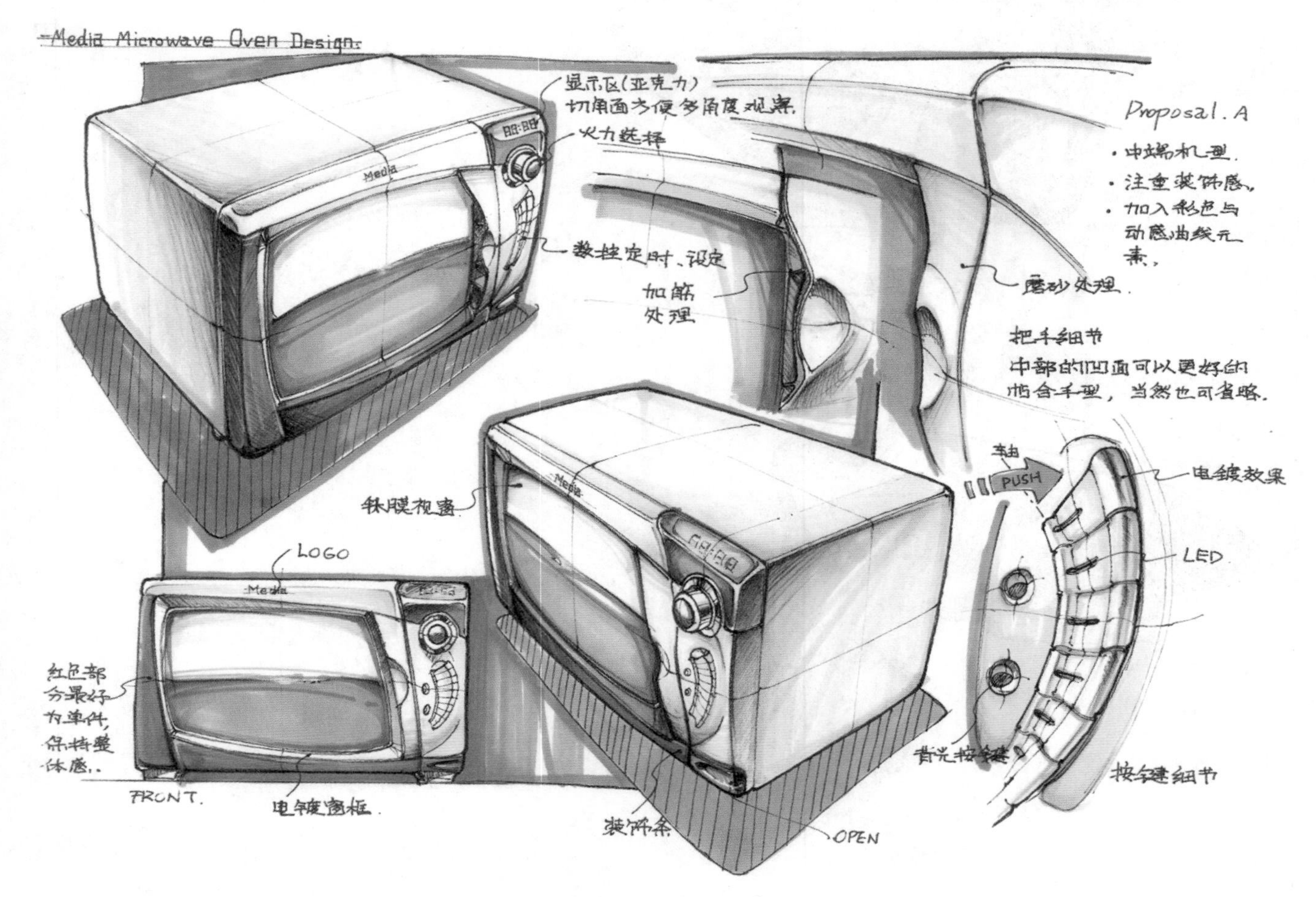

图4—37　微波炉设计草图

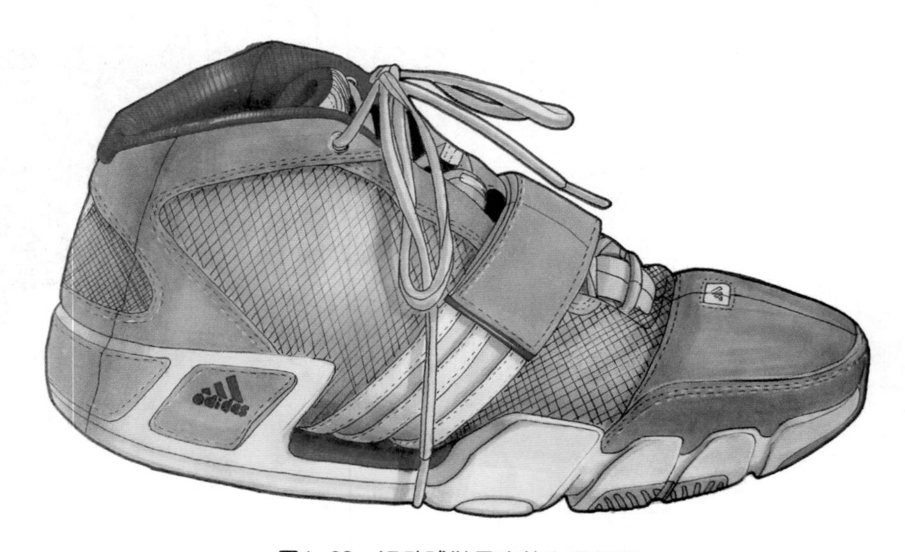

图4—38　运动球鞋马克笔上色练习

在马克笔上色的基础上还可以略加色粉渲染效果，如图4-39（吹风机草图步骤一，单线起稿，用马克笔对明暗、形态结构进行简单渲染，勾勒出整体效果）、图4-40（吹风机草图步骤二，对亮面和灰面擦涂色粉）所示。

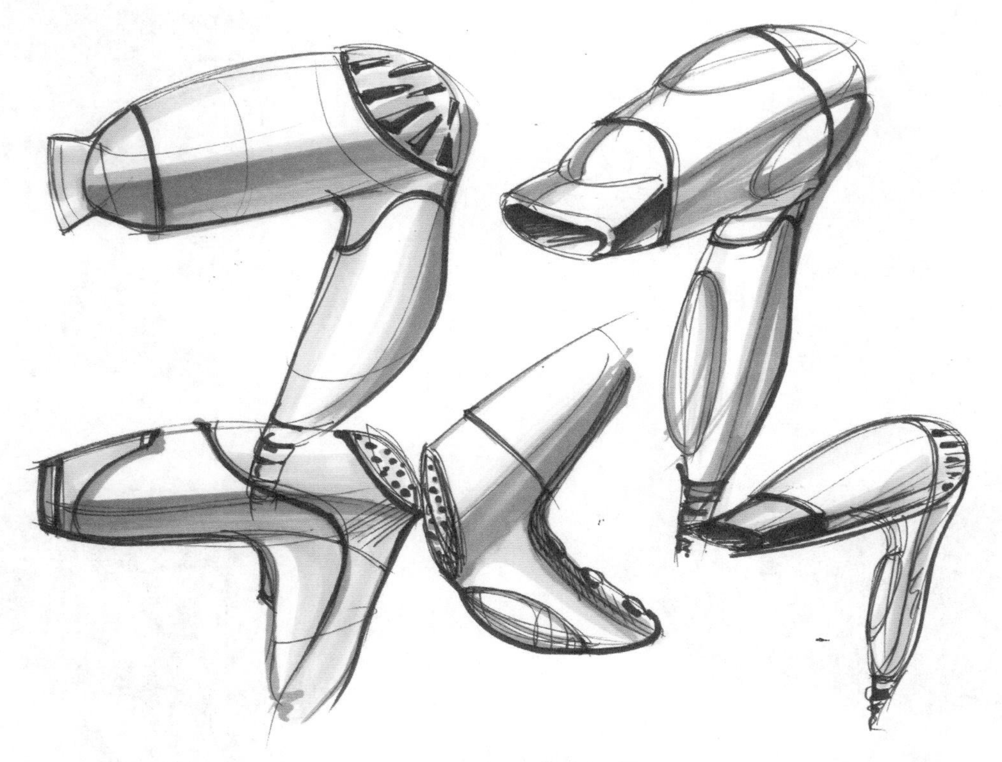

图4-39　吹风机设计草图步骤一

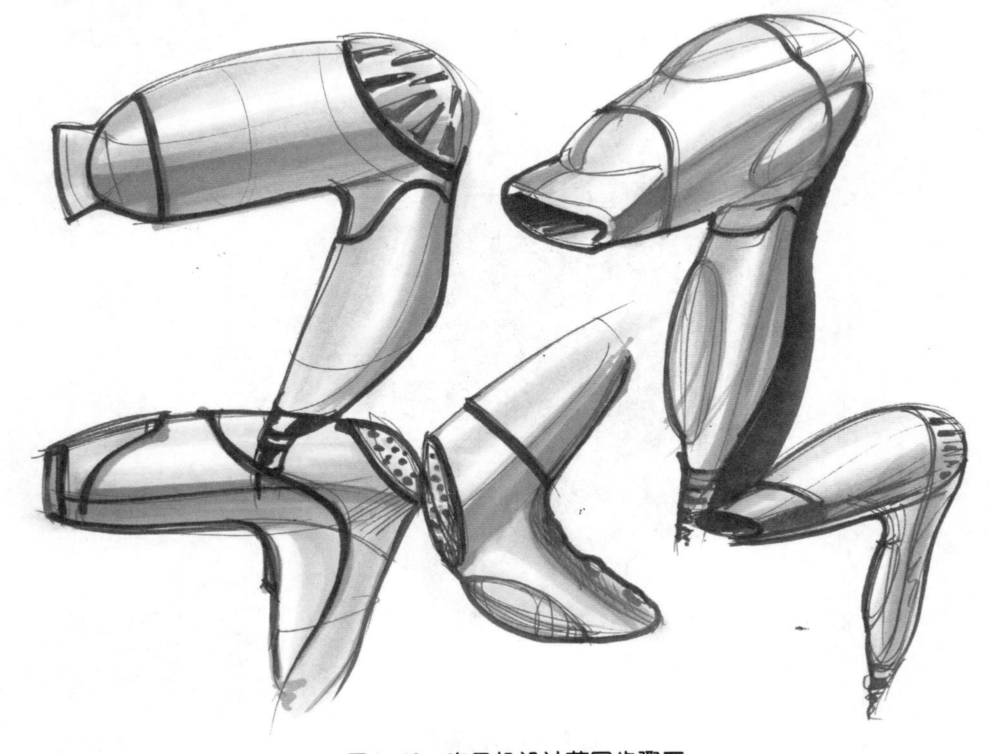

图4-40　吹风机设计草图步骤二

图4-41至图4-45为课堂练习演示步骤，读者可以通过临摹自行练习。

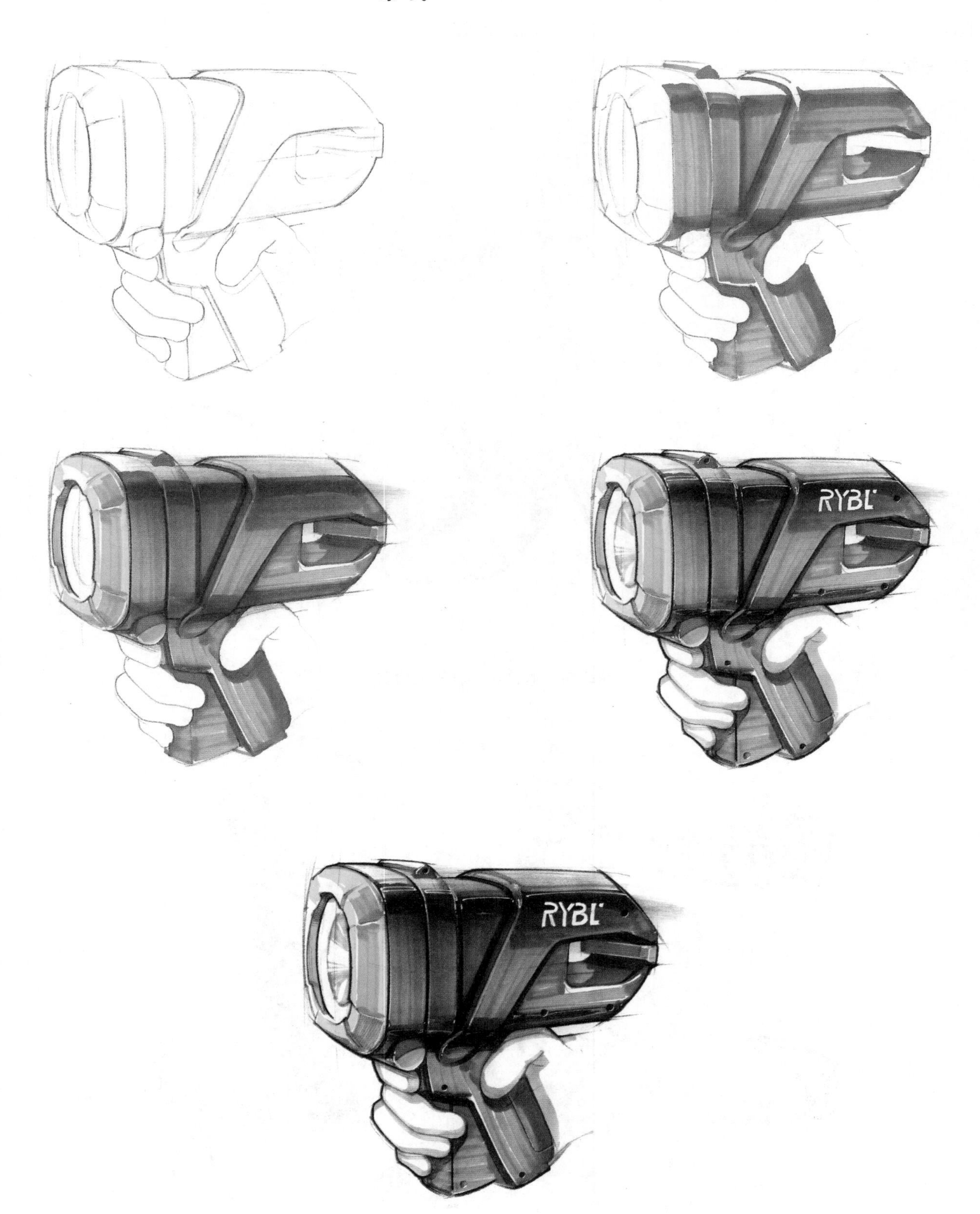

图4-41　手提灯

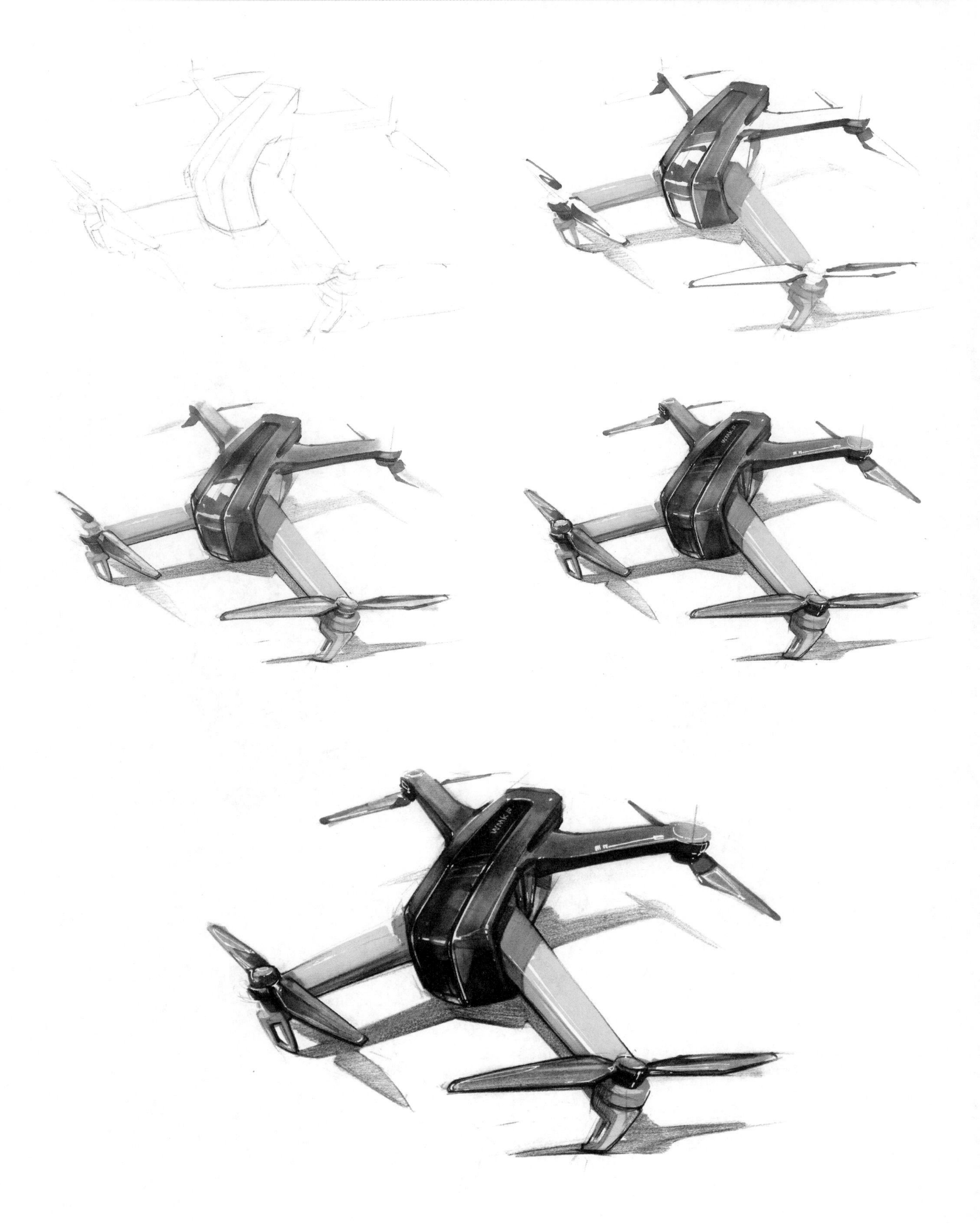

图4–42　无人机

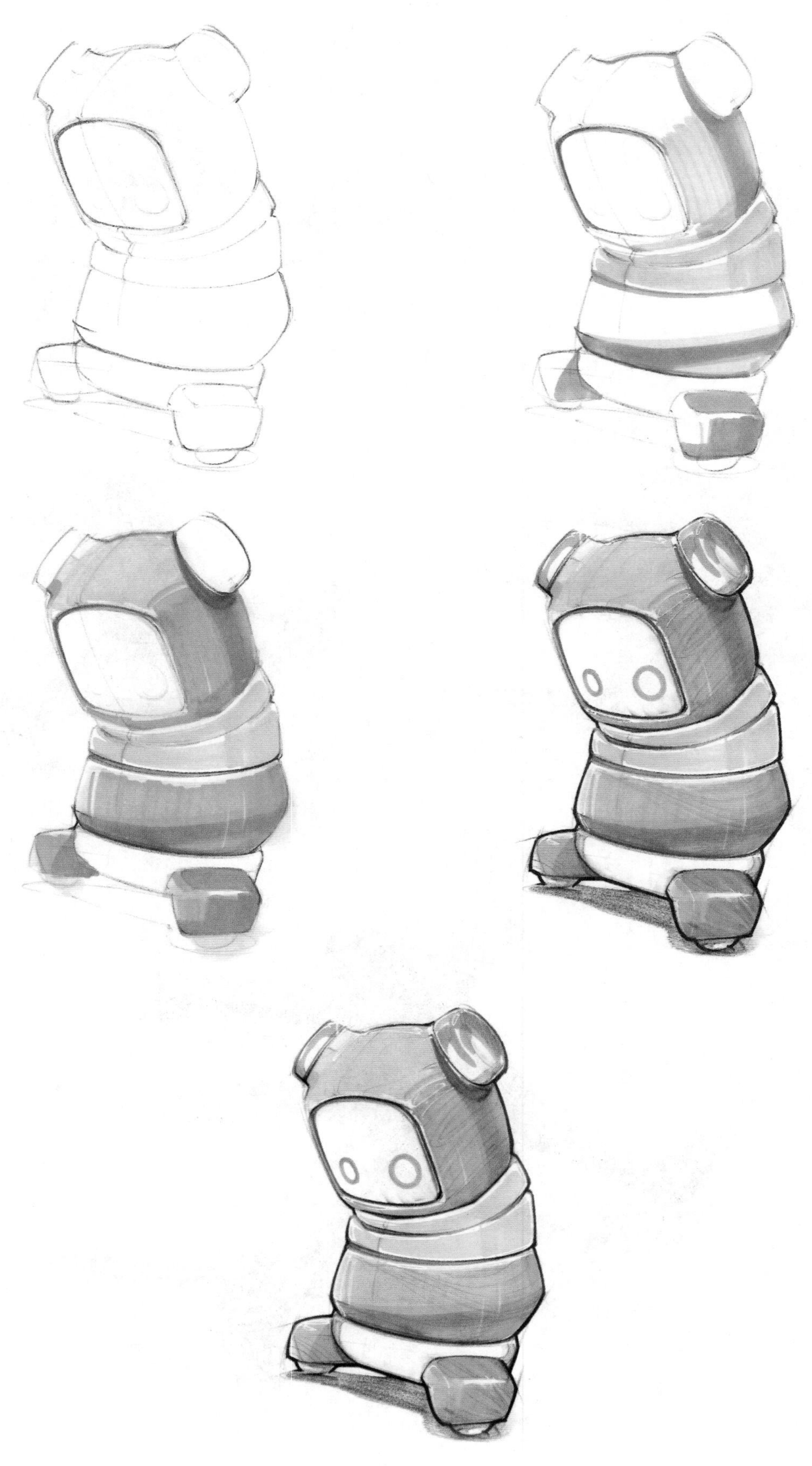

图4-43 玩偶

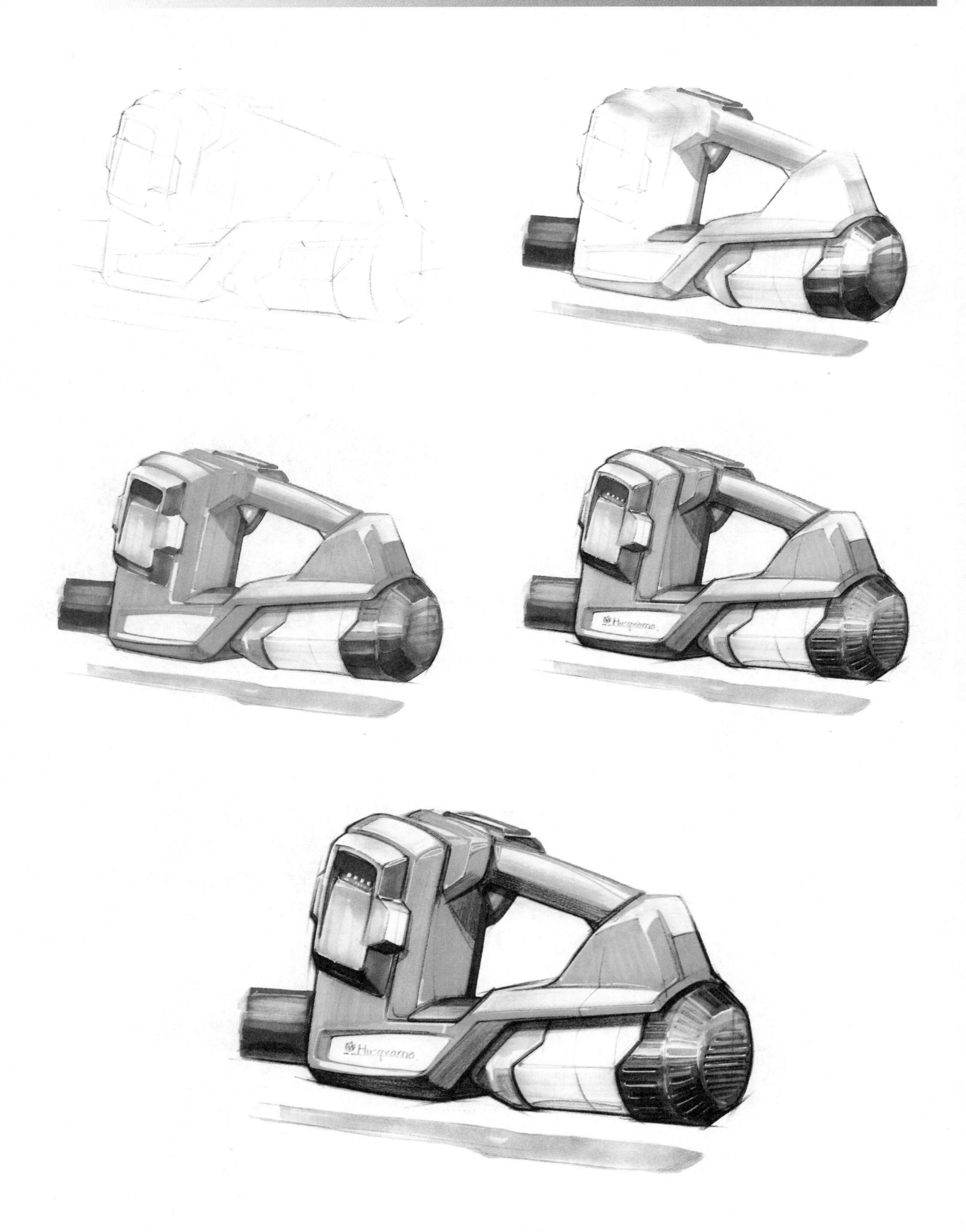

图4-44　鼓风机

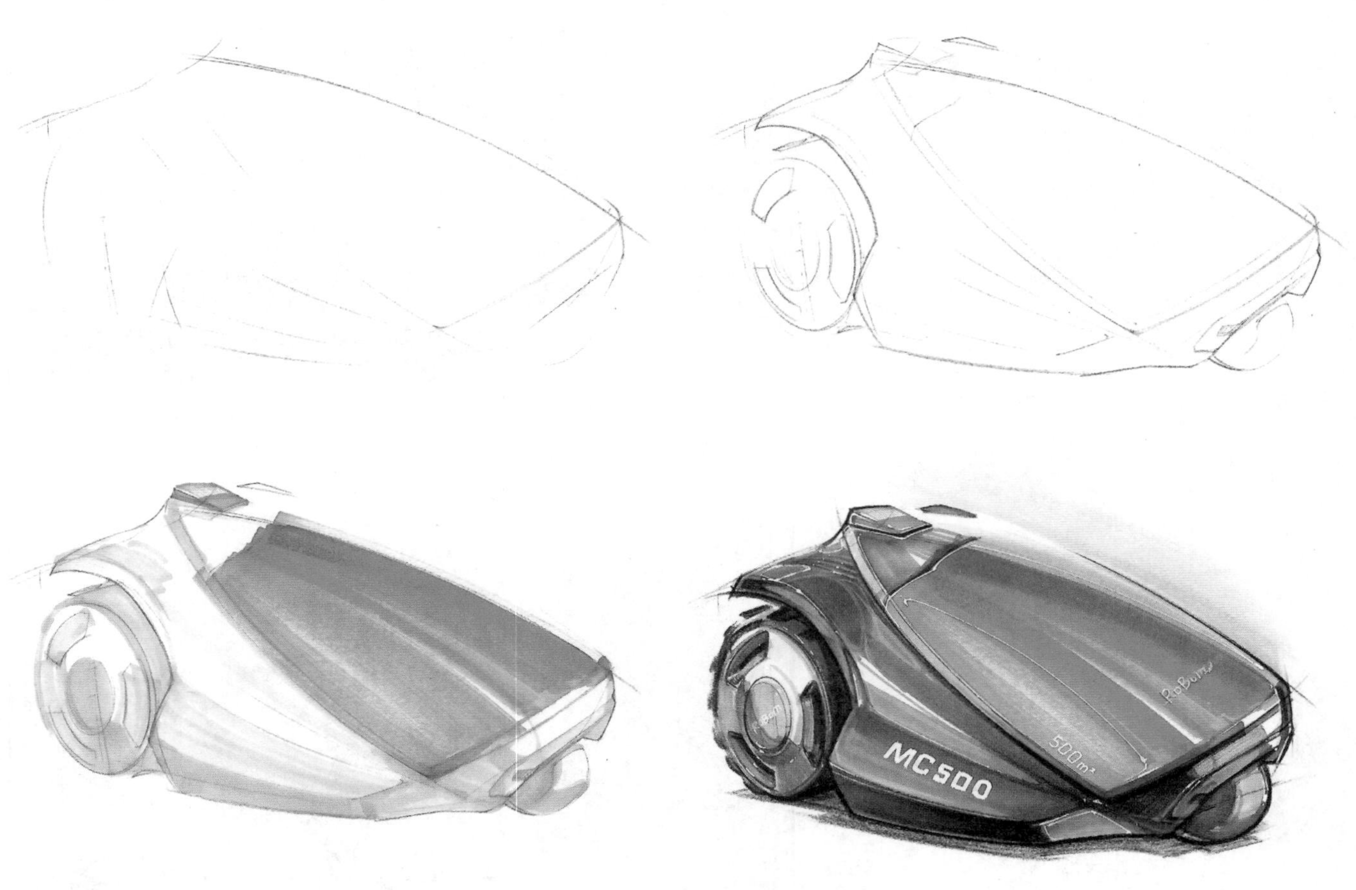

图4-45 吸尘器

2）手绘板绘制汽车草图步骤

步骤一：在Photoshop中新建一个空白图像，新建一个图层作为草稿层，在该层绘制线稿，线稿要清楚地表现出汽车的体面关系、透视关系、大的姿态，以简要、明快的笔调为主，切忌过多地表现细节，初稿以简洁、明快、整体为要点，突出体现车型的体态美。通常手法熟练的设计师绘制线稿不应超过10分钟，用时包括造型上的推敲和反复（图4-46）。

图4-46 手绘板绘制汽车草图步骤一

图4–47　手绘板绘制汽车草图步骤二

步骤二：在初步线稿基础上勾勒细节，包括车灯、格栅、轮毂、分缝线、型面结构线等，所有细节要符合整体的美感，与车身协调一致（图4–47）。

图4–48　手绘板绘制汽车草图步骤三

步骤三：在线稿基础上新建一层，作为底色层，使用渐消画笔，铺设大的光影和色调，运用冷暖对比色调，产生光源的色光差异，能表现出车体的型面的大转折关系（图4–48）。

图4–49　手绘板绘制汽车草图步骤四

步骤四：新建一层，使用笔刷绘制深色区域，包括车窗、格栅、大灯、保险杠下进气口、轮胎等，此时车体表面的转折关系已经大致明了（图4–49）。

图4–50　手绘板绘制汽车草图步骤五

步骤五：新建一层，绘制汽车前脸的细节，包括发动机盖板、格栅、大灯、保险杠（图4–50）。

步骤六：绘制前轮毂、轮胎、轮拱等部分，轮毂的表现对于汽车的透视、体量感、姿态感有重要的作用，透视准确、适度夸张的表现可以让车辆显得扎实、稳重、有力、动感，表现车轮毂应尽量真实，轮辐的透视、轮辐之间的透空表现也要讲究透视规律（图4–51）。

图4–51 手绘板绘制汽车草图步骤六

步骤七：同样的方法表现后轮毂，熟练使用笔刷和橡皮擦可以提高草绘速度（图4–52）。

图4–52 手绘板绘制汽车草图步骤七

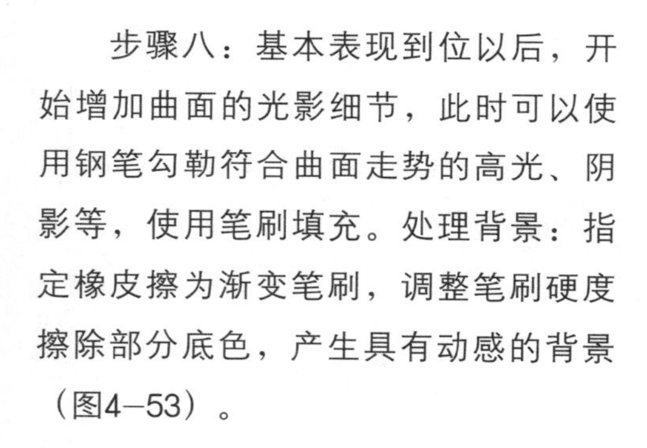

步骤八：基本表现到位以后，开始增加曲面的光影细节，此时可以使用钢笔勾勒符合曲面走势的高光、阴影等，使用笔刷填充。处理背景：指定橡皮擦为渐变笔刷，调整笔刷硬度擦除部分底色，产生具有动感的背景（图4–53）。

图4–53 手绘板绘制汽车草图步骤八

步骤九：增加分缝线、提白、增加牌照板等细节。在绘制过程中，造型需要不断推敲，也可以说绘制草图的过程也就是一个再设计的过程（图4–54）。

图4–54 手绘板绘制汽车草图步骤九

步骤十：通过调整色调、加深减淡等手法，提升草图的绚丽效果和美观性（图4–55）。

图4–55　手绘板绘制汽车草图步骤十

［课堂范例］图4–56、图4–57为手电钻设计草图；图4–58、图4–59为跑步机设计图及效果图；图4–60为空气净化–加湿一体机设计图；图4–61为电磁炉构思草图；图4–62、图4–63为手机设计草图。

图4–56　手电钻设计草图一

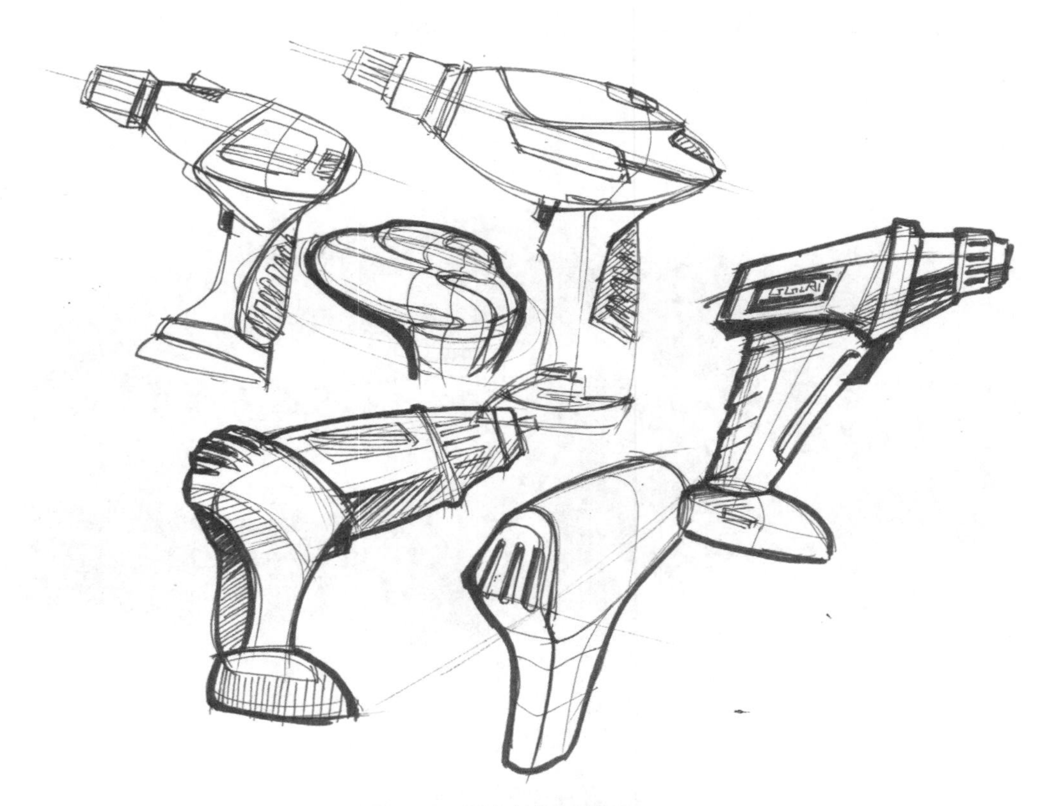

图4—57　手电钻设计草图二

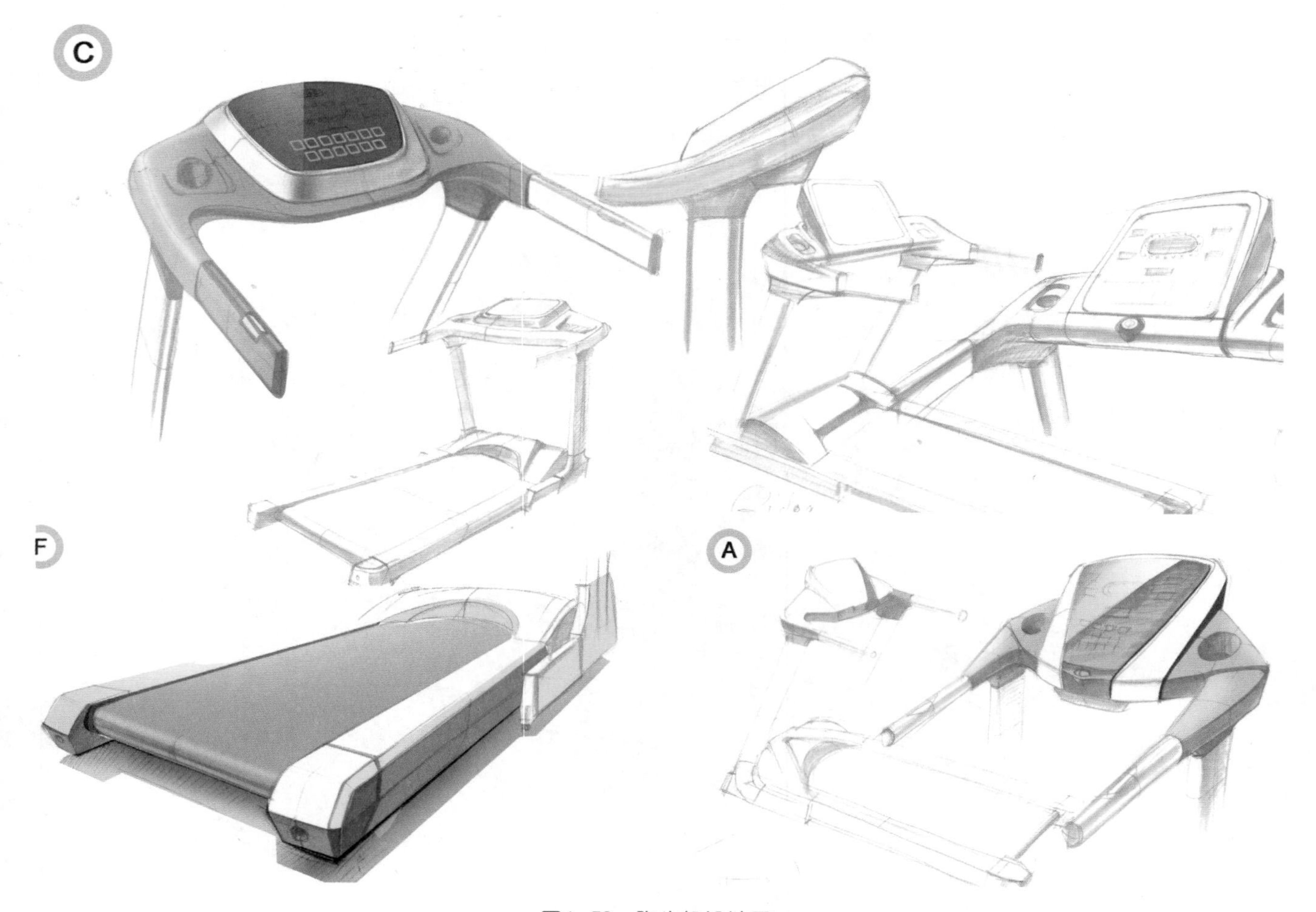

图4—58　跑步机设计图

图4–59　跑步机效果图

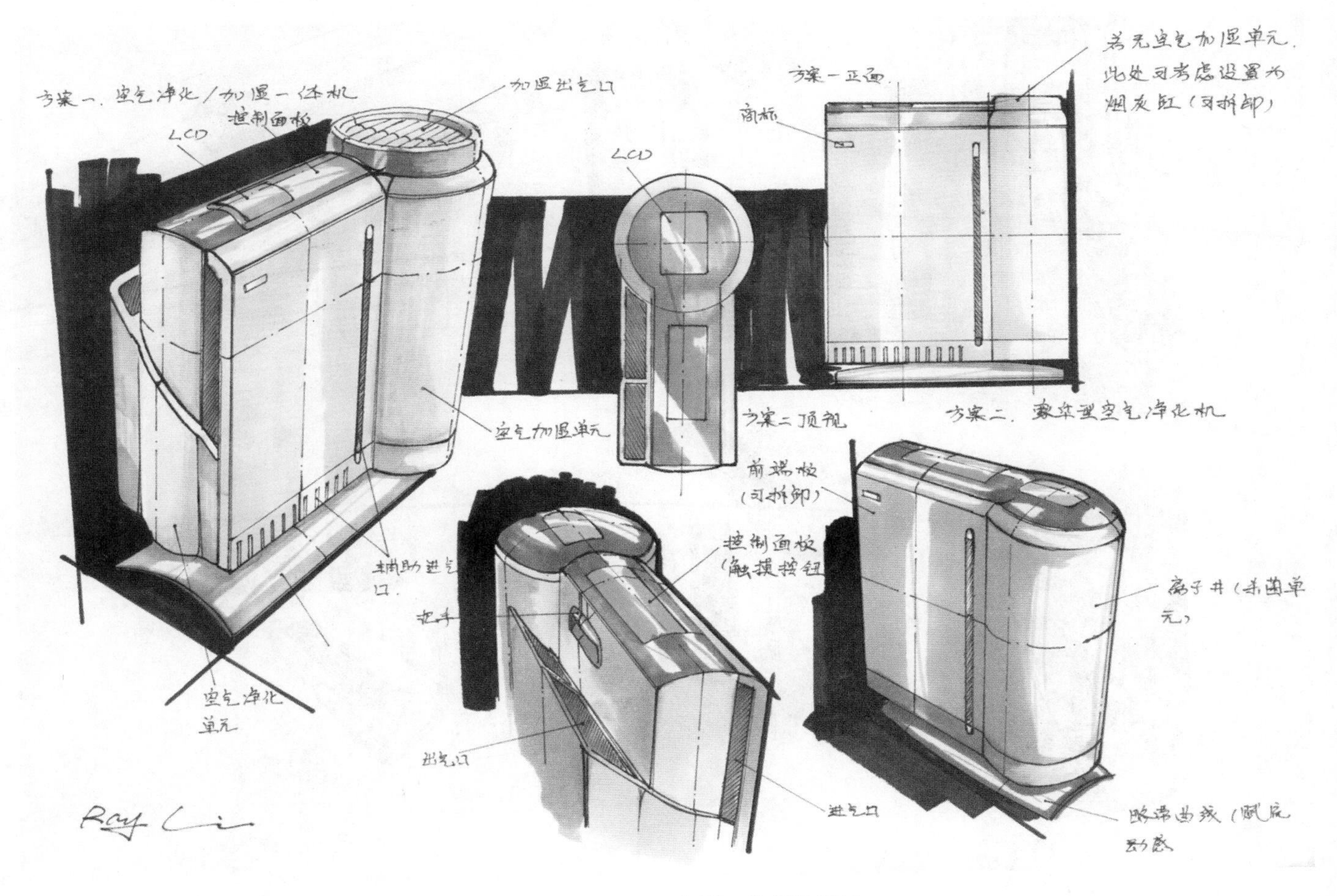

图4–60　空气净化–加温一体机设计图

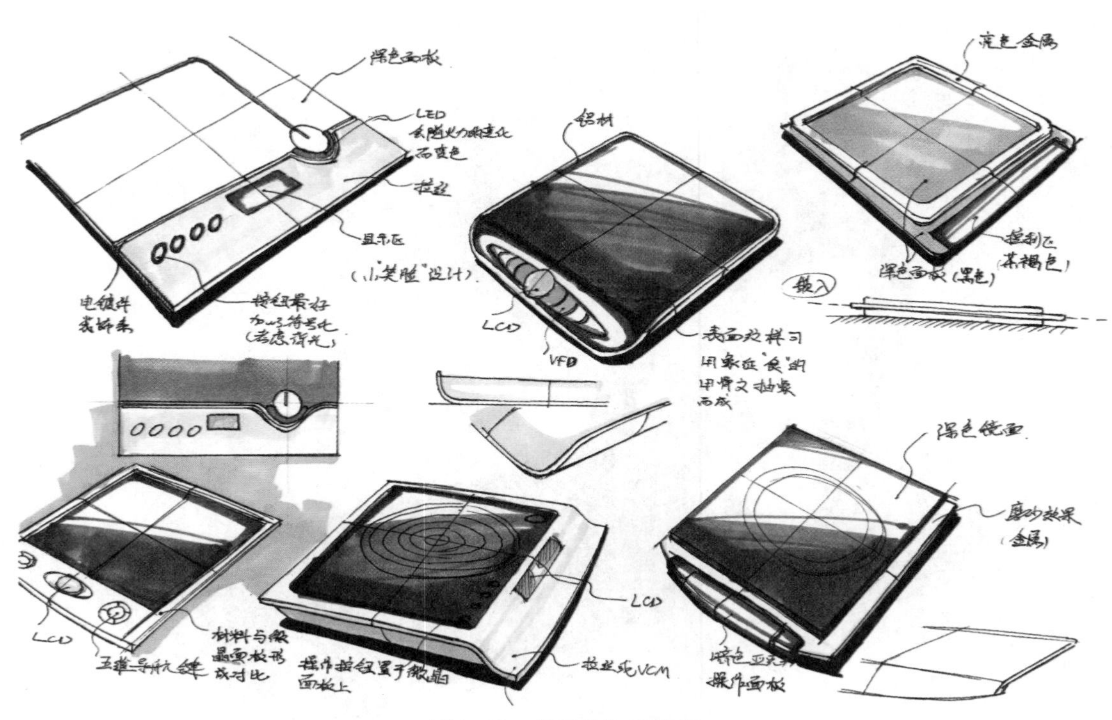

图4－61　电磁炉构思草图

图4－62　手机设计草图一

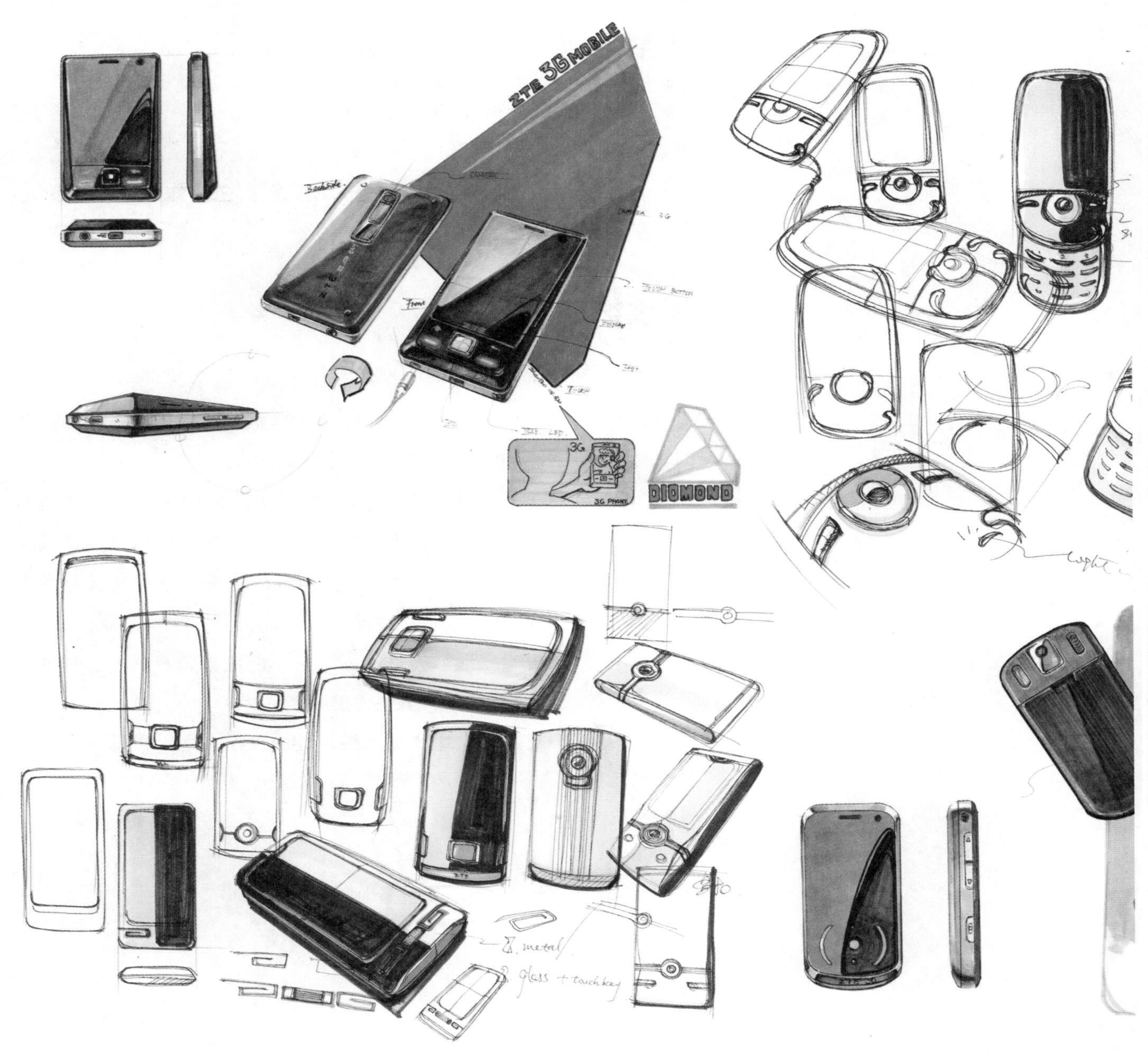

图4—63　手机设计草图二

本章小结

本章介绍了设计表现的分类，总结了手绘表现的一些常用技法，包括设计草图的单线绘制方法和马克笔的表现技法。重点讲授了马克笔的特点和使用方法。对范画进行了分步骤讲解，一步步深入分析技法构成要素，强调过程的顺序性。

本章习题

（1）单线作业：用单线条绘制实际产品形态，要求作业量为3张，A3幅面。可选用铅笔、签字笔、圆珠笔进行绘制。

（2）马克笔作业：用灰色系列马克笔上色，作业量为2张；多色系列马克笔上色，作业3张，A3幅面。

训练指导

（1）可以先选择优秀的设计图作品进行临摹，可参考第6章所提供的设计案例。结合理论讲解对设计作品进行分析，在充分理解的基础上再展开实物写生，灵活运用所总结的技法。

（2）实物写生前要对该产品进行仔细的研究和分析，甚至可以对一些产品进行拆分，绘制爆炸图，充分理解形态组成的结构关系。对该产品进行重新组装后绘制多角度表现图，选择的绘制角度应该体现出该产品的最大设计特征。

（3）线条是构成形态的基本因素，不能过分依赖其他工具的渲染效果，要强调线条本身的造型力量。

（4）绘制对象先是选择自己感兴趣的产品，之后再选择有代表性的产品进行临摹或者写生，保证训练热情、持续地开展。

第5章　产品设计手绘精细图表现

教学目标

本章介绍了产品设计精细图表现的基本技法，通过步骤分解图示，让学生对精细表现图绘制有一个直观的感受和了解，并通过实际绘制，使学生掌握工具的使用方法以及如何表现不同材质的产品。

建议学时

10学时。

根据不同的对象物和不同的表现要求以及作图的材料、工具和技法的不同，产品设计手绘精细图的步骤也有所不同，大致可分为以下几个步骤。

（1）起稿。直接在画纸上用铅笔打稿，也可以在另外的纸上起好稿再转印到画纸上。

（2）铺大色调。以物体的固有色为主要基础色，铺大体色调。但一般都是从中间调子入手，体现大的色彩关系和明暗关系。

（3）画出暗部和亮部。大体色调确定后，先从物体的明暗交界线入手，画出暗部调子，接着再画出亮部的大致色彩关系。该步骤主要表现形体的大体明暗调子和初步的体积感、质量感，色彩以物体的固有色为主。

（4）细部深入。该阶段首先要刻画形体的细节和关键的结构转折，同时注意整体关系和色彩的变化。并注意形体的材质、肌理及其受光特征。

（5）高光和反光。少数画法事先留出高光和反光，多数画法是在着色大部完成后提出高光和反光。高光和反光常起画龙点睛的作用，画高光和反光时要注意虚实、远近的关系，并注意主次关系。

（6）调整。根据画面的整体关系进行检查和适当调整。

图5–1为摩托车局部手绘图。这幅作品整体关系处理很好，细节描画仔细，能够很充分地表达设计意图。

设计表现技法的种类较多，分类的方法不尽相同，但是，不管如何分类，其目的是为了便于学习，不管采用何种技法，只要能表达设计意图、符合设计要求即可。下面介绍一些常用的精细图表现技法与步骤。

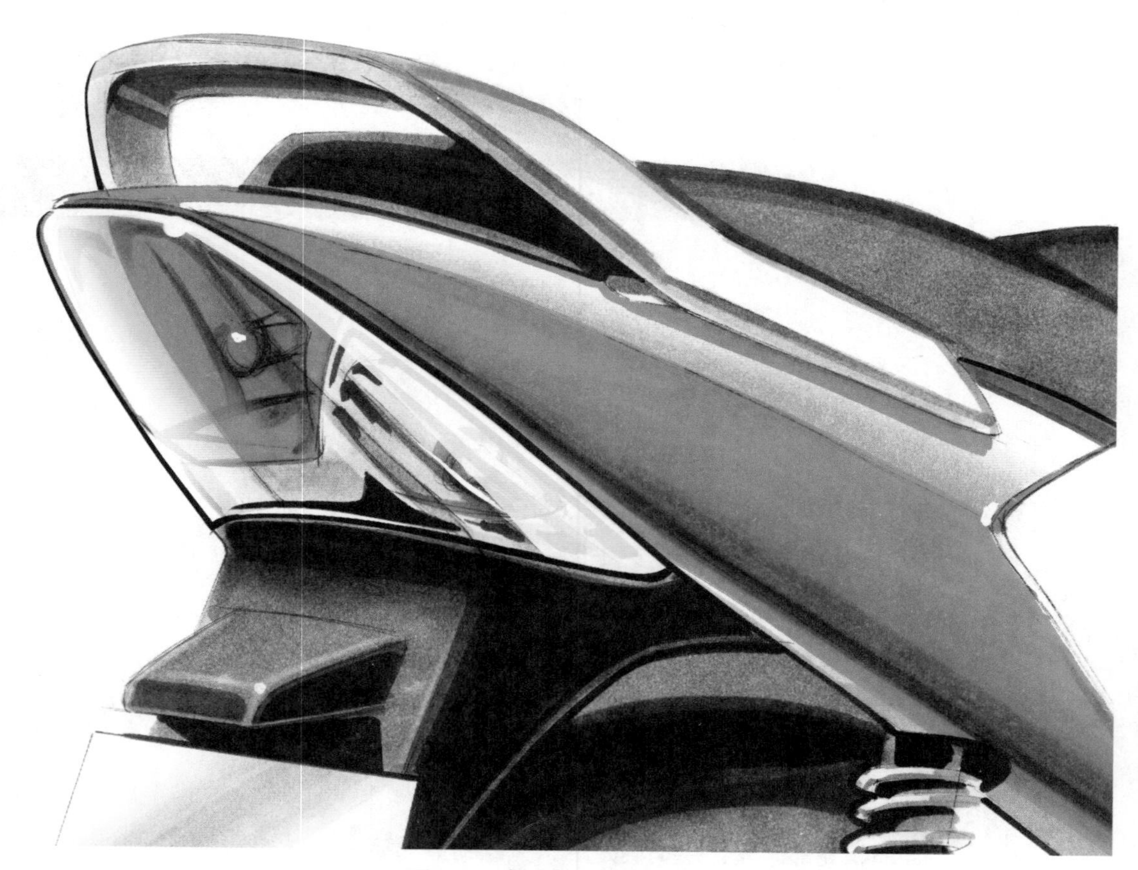

图5–1 摩托车局部手绘图

5.1　钢笔淡彩画法

钢笔淡彩画法是在钢笔线描的基础上，概括地表现产品的形体结构与色彩关系。常用的工具与材料有铅笔、钢笔、马克笔、水彩、水粉、色粉等；其特点是便于快速展现设计创意，画面简洁、明快，色调感统一。根据工具与材料的不同，绘画步骤略有差异，下面以钢笔、水粉和马克笔的方法绘制手扶拖拉机加以说明。

（1）用钢笔或针管笔将手扶拖拉机的形体结构勾画出来，用笔要肯定，线条要流畅；也可将其他纸上画好的图稿转印到正稿纸上，再用钢笔将线条肯定出来，如图5–2所示。

图5–2　手扶拖拉机绘制步骤一

（2）用粗的钢笔或针管笔将手扶拖拉机的外形和形体转折处加以肯定，强调明暗交界线，并注意虚实和体积关系，如图5–3所示。

图5–3　手扶拖拉机绘制步骤二

（3）用水粉颜料或合适的马克笔涂抹形体的基本色彩，这一阶段用色要大胆概括，不要拘泥于局部的高光和暗部，如图5-4所示。

图5-4 手扶拖拉机绘制步骤三

（4）用马克笔进一步塑造形体，以突出手扶拖拉机的体感和色彩关系。并借助蛇尺、界尺等工具用水粉颜料刻画出形体的高光和纹饰部分，最后添加手扶拖拉机的影子，如图5-5所示。

图5-5 手扶拖拉机绘制步骤四

5.2　水粉底色画法

水粉颜料色泽鲜艳、浑厚、不透明，具有良好的覆盖力，比较容易掌握。水粉画法表现力强，能将产品的造型特征精细而准确地表现出来，常用于绘制较精细的设计表现图。水粉画法主要采用水粉颜料、扁平的水粉笔、毛笔和涂大面积色块用的底纹笔等工具。

（1）将其他纸上画好的汽车稿转印到正稿纸上，用钢笔或针管笔勾勒轮廓线，线条要肯定流畅，痕迹要深，以确保下一步上色时轮廓线清晰可辨。可借助于直尺、蛇尺等工具，如图5–6所示。

图5–6　汽车绘制步骤一

（2）用底纹笔根据车体的色彩涂刷背景，用笔简洁、干练，整齐流畅，同时涂刷的底色要考虑到形体的明暗关系，如图5–7所示。

图5–7　汽车绘制步骤二

（3）用水粉颜料画出车灯、轮胎等部位的较重色彩，基本体现车体的黑、白、灰层次关系，如图5–8所示。

图5–8　汽车绘制步骤三

（4）进一步深入刻画，区分不同部位、不同材质的质感，如图5–9所示。

图5–9　汽车绘制步骤四

（5）着重刻画车灯、缝隙线、高光线等细节，以突出车体的转折起伏，并用黑色马克笔画出车体的投影，如图5–10所示。

图5-10 汽车绘制步骤五

5.3 马克笔色粉画法

马克笔与色粉是现代设计常用的工具，可以实现无水作图。马克笔绘图干净、透明、简洁、明快，使用方便，但马克笔在表现产品细部微妙变化与过渡自然方面略显不足，不宜表现大面积的色块。而色粉笔表现细腻、过渡自然，对反光、透明体、光晕的表现简单有效，适于表现较大面积的过渡，但色粉笔的色彩明度和纯度较低，感觉比较松散。马克笔色粉画法是将两者结合使用，优势互补，具有很强的表现力，是设计表现中常用的技法之一。以咖啡机绘制步骤为例。

（1）用黑软铅笔在较为平滑的纸上起稿，注意形体的透视，如图5–11所示。

（2）用浅黄色粉擦出咖啡机较为整体的色块，如图5–12所示。

（3）继续用色粉擦出其他色块，用马克笔画出重色调，如图5–13所示。

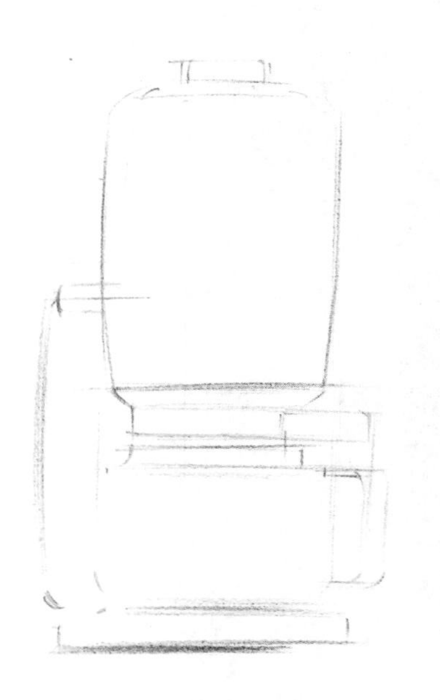

图5–11　咖啡机绘制步骤一

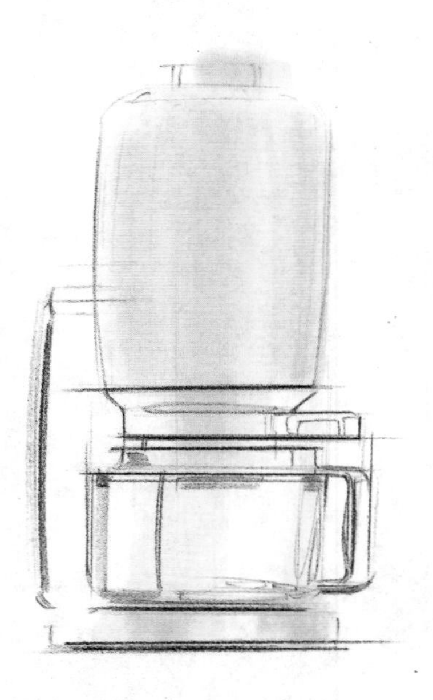

图5–12　咖啡机绘制步骤二

图5–13　咖啡机绘制步骤三

（4）用马克笔勾画出形体的暗部和轮廓线，并体现形体的块面层次。高光部分用橡皮擦出，细节的高光可用白色水粉画出，注意咖啡机玻璃质感表达，如图5–14所示。

（5）细节刻画，如图5–15所示。

（6）最后调整完成。如图5–16所示。

图5–14　咖啡机绘制步骤四

图5–15　咖啡机绘制步骤五

图5–16　咖啡机绘制步骤六

5.4　高光画法

高光画法是在底色画法的基础上发展起来的一种画法。就是在深暗色甚至黑色的纸上，描绘产品主体轮廓和转折处的高光和反光来表现产品的造型。高光画法着力于表现产品形态的明暗关系，忽略或高度概括产品色彩的表现，明暗层次更加提炼、概括，主要运用浅色铅笔和色粉描绘。以汽车为例，绘图步骤如下。

（1）在其他纸上画好车体的线稿，在其背面涂上白色色粉，然后转印到深色正稿纸上。描线时稍微用力以便在画纸上留下凹痕，为深入刻画打下基础，如图5–17所示。

图5–17　汽车高光画法步骤一

（2）用白色铅笔勾画形体的轮廓线和细部，注意线条方向和虚实变化，用纸巾蘸白色的色粉铺涂形体的亮部区域，如图5—18所示。

图5—18　汽车高光画法步骤二

(3)根据光源角度，用小毛笔蘸上白色的水粉颜料强调转折面和转折点；并用白色铅笔和色粉塑造形体的中间层次，增加形体的立体感，如图5—19所示。

图5—19　汽车高光画法步骤三

(4)细部强调，对过渡不够自然的亮部区域，可用水粉亮灰色作适当处理。然后用白色水粉对车体的高光点和缝隙线作进一步的刻画。最后用定型液喷涂固定，以保护画面，如图5—20所示。

图5-20　汽车高光画法步骤四

5.5 色纸画法

色纸画法主要是选用产品形体的色彩或明暗关系的中间色作为底色基调，对形体进行暗部加重、亮部提高的塑造方法。其程序简洁，画面协调统一，富有表现力。

（1）用铅笔在裱好的色纸上起好稿，或在其他纸上起好稿再转印到色纸上，如图5–21所示。

（2）用深灰色马克笔画出投影仪的暗部色彩，最暗的部分可用黑色马克笔刻画，形体的受光部分直接由色纸的颜色来体现，如图5–22所示。

（3）画出投影仪镜头的暗部调子，在塑造中积极运用蛇尺、曲线板等辅助工具，避免反复修改画面，如图5–23所示。

（4）进一步刻画形体的中间调子，丰富画面的黑、白、灰层次关系，并添加形体投影，如图5–24所示。

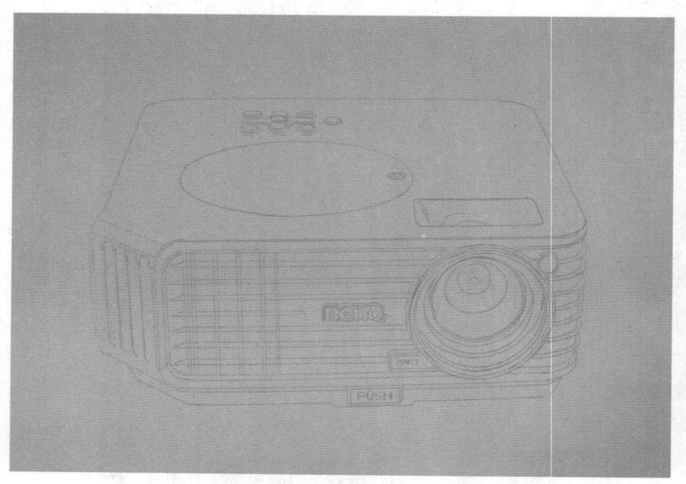

图5–21　投影仪色纸画法步骤一

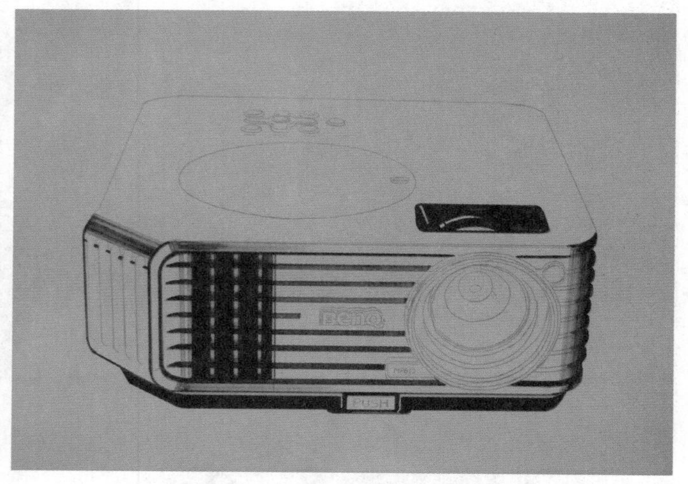

图5–22　投影仪色纸画法步骤二

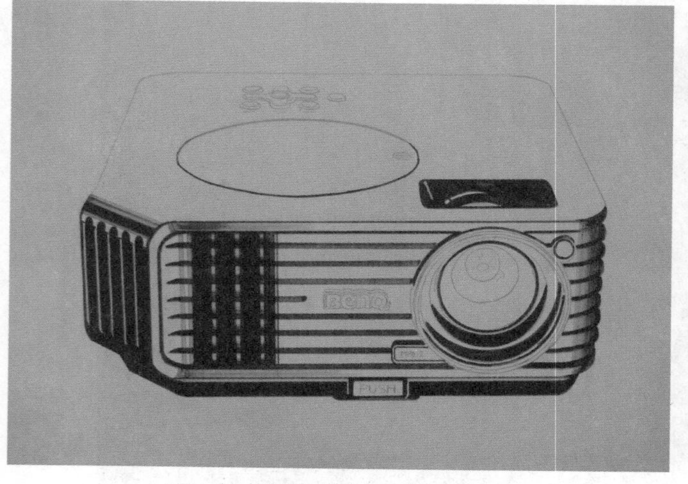

图5–23　投影仪色纸画法步骤三

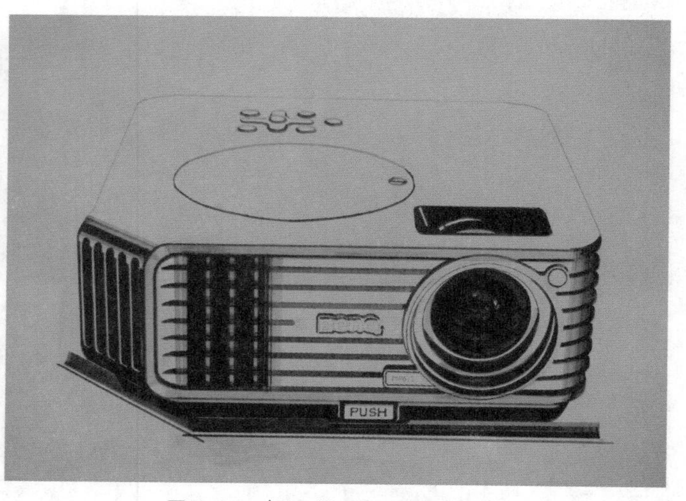

图5–24　投影仪色纸画法步骤四

（5）细节刻画，用灰白水粉颜色画出形体的缝隙线和高光部分，以增加形体的质感，并细心添加投影仪的品牌纹饰，如图5–25所示。

图5–25　投影仪色纸画法步骤五

图5–26至图5–32为优选的学生课堂表现图作业。

图5–26　汽车表现图

图5–27　相机表现图

图5–28　自行车表现图

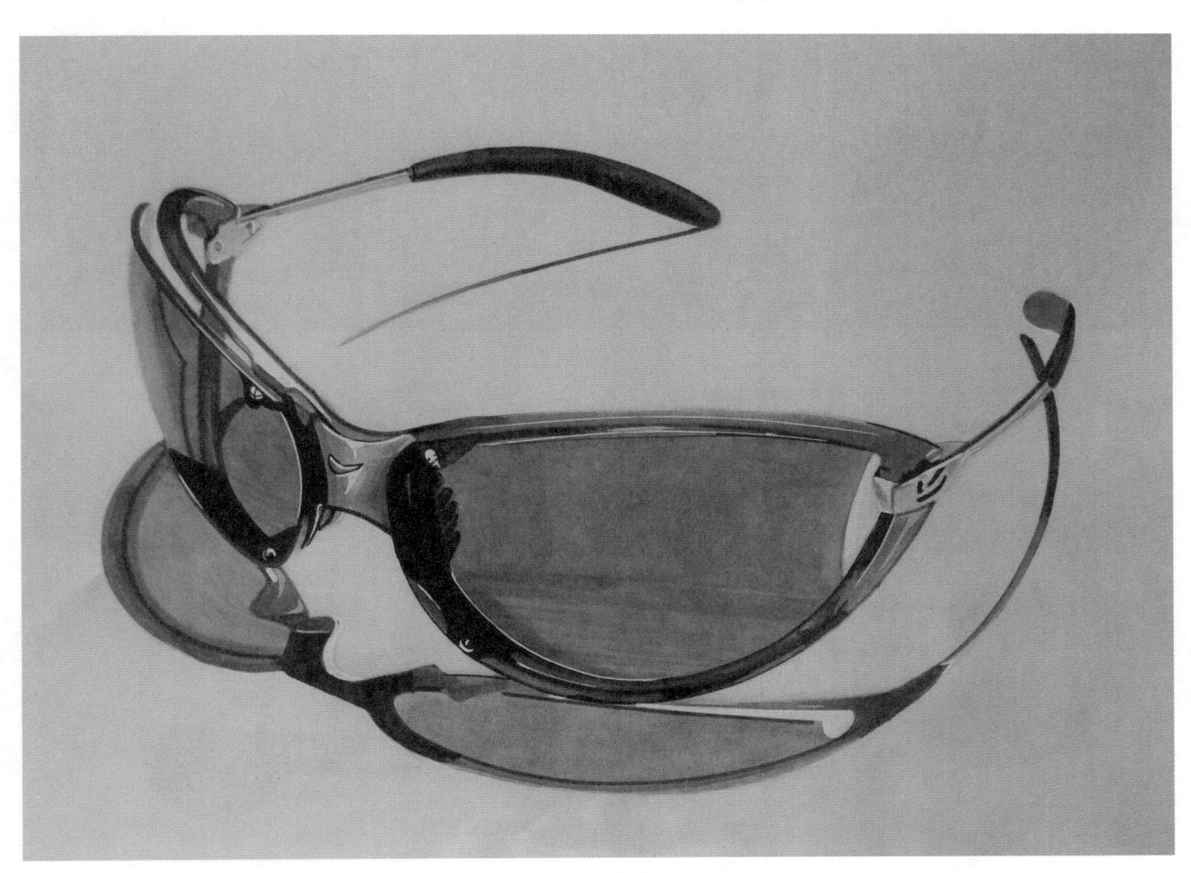

图5–29　眼镜表现图

图5–30　摄影机表现图（一）

图5–31　卡车表现图

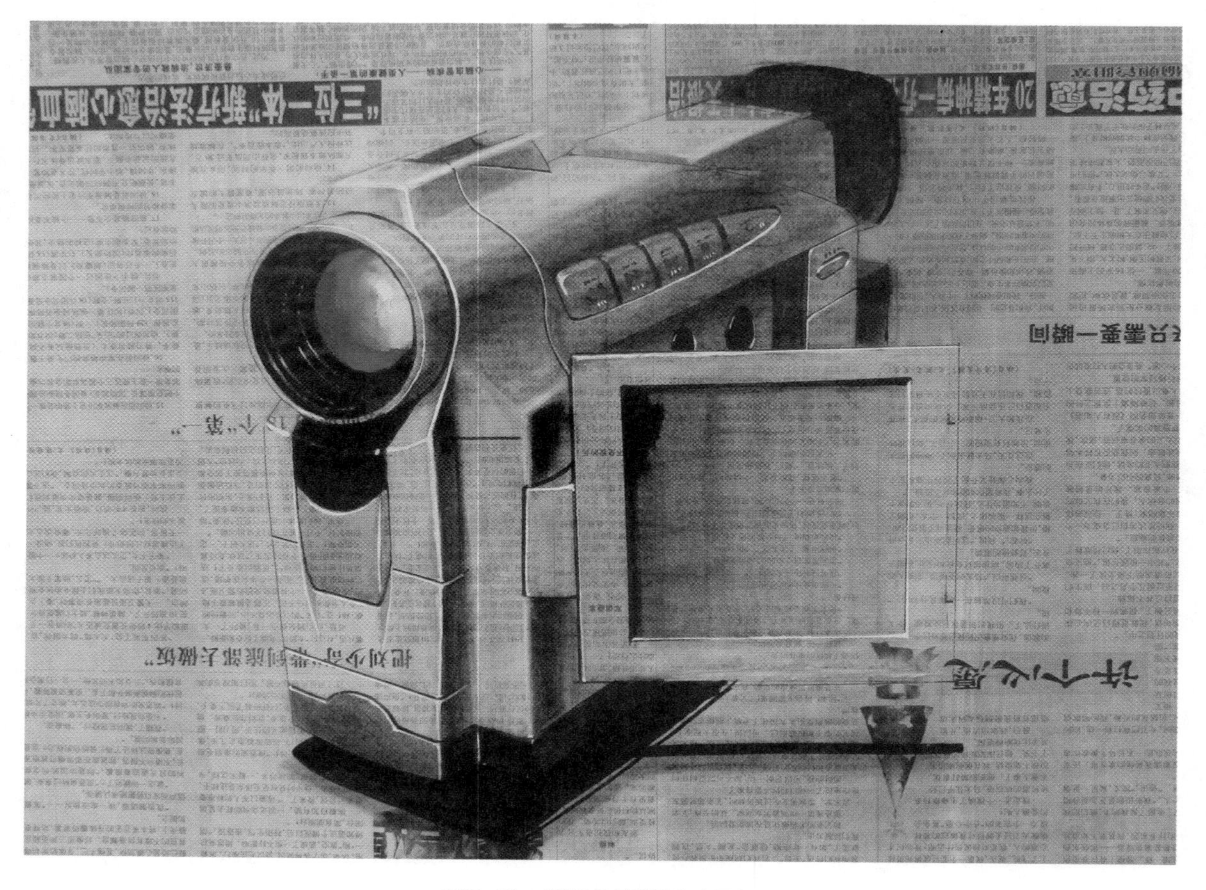

图5–32　摄影机表现图（二）

[课堂范例] 图5-33为课堂演示步骤，读者可通过临摹自行练习。

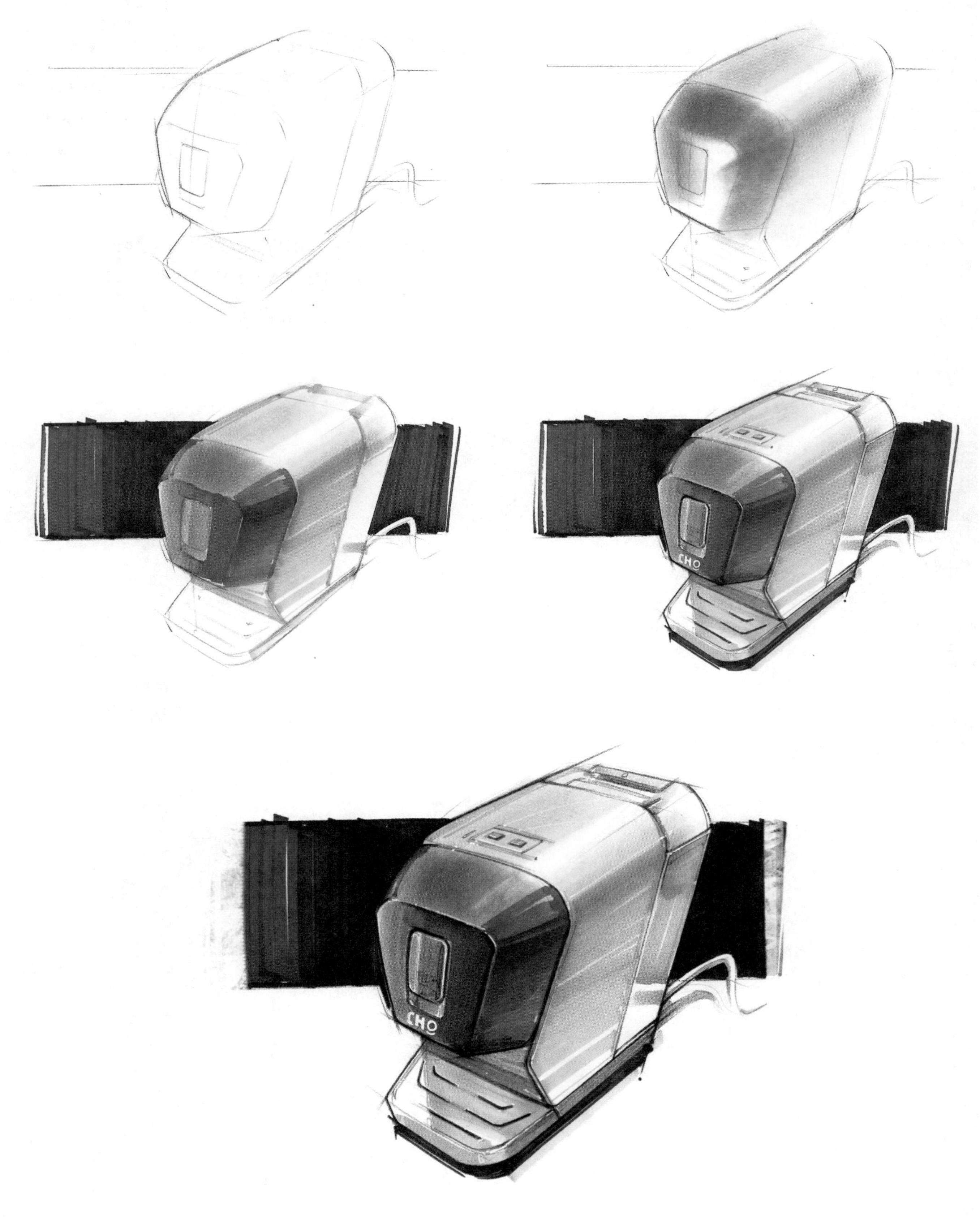

图5-33　课堂演示步骤

本章小结

本章介绍了精细表现图技法的分类，重点讲授了水粉、色粉、色纸等画法。对范画进行了分步骤讲解，归纳了一些精细图表现方面的经验和技巧。

本章习题

（1）马克笔与色粉结合绘制作业：2张。A3幅面。
（2）水粉底色法作业：1张。A3幅面。
（3）色纸画法作业：1张。A3幅面。

第6章 手绘表达实战应用

教学目标

通过案例分析，总结在实际的设计过程中手绘技法的应用特点。学会如何将构思与技法相结合，分析设计概念是如何通过手绘一步步形成的。帮助学生总结前面所学的表现技法，是对手绘学习的总结和概括，并通过临摹和借鉴提升手绘技能。

建议学时

6学时。

6.1 产品设计前言

产品设计是时代的产物，与时俱进、出新出奇是其最显著的特点。工业产品的设计过程一般要经历市场调查阶段、草图创意阶段、效果图绘制和模型制作阶段、样机试制与产品生产阶段。设计表达作为产品设计中的一个重要环节，必然与所处时代的技术条件息息相关。造型表达的技术与生产制造的技术是相辅相成的。设计是表现的目的，表现依附于设计，是设计的手段，成熟的设计也伴随着完善的表现形式而产生，两者相辅相成互为因果。

产品设计表达是产品设计的通用语言，也是设计师传达设计创意必备的技能和手段，更是设计全过程的一个重要环节。

设计师的工作相较于艺术家而言，所应用的表现技法并不属于纯粹绘画艺术创作，而是在科学的设计思维和方法指导下，把符合生产加工技术条件和消费者需要的产品设计构想，通过技巧加以可视化的技术手段。所以产品表现技法这种专业化的特殊语言具有区别于绘画或者其他表现形式的特征。

产品的设计与生产过程是一个从无到有的创造过程，因此产品的设计表达也是从无形到有形、从模糊到清晰，并且一直贯穿在整个产品的开发设计过程中。一个经验丰富的设计师，会把娴熟的表现技巧自然地融入整个设计过程之中。下面结合产品设计过程，对设计表达在产品设计创意全过程中的各种形式及重要作用进行介绍。

6.1.1 设计调研阶段

产品设计在一开始就需要以周密的市场调查、市场分析为依据，这样才能做到有的放矢。这一阶段的设计表达方式主要以PPT报告的形式呈现，通过视觉化、具体化目标群体、使用环境、产品定位等内容，建立起决策层与设计师之间的联系，使其能够明确设计师的初步意图。

6.1.2 设计构思阶段

在设计策划案通过之后，便进入了设计的构思阶段。此时，设计师可以随时以简单而概括的图形记录下任何一个构思，也就是所谓的构思草图。创意草图以记录设计思维过程及创意灵感为目的，因此本阶段需要绘制大量构思草图，对表现质量并无太高要求，因为过早地陷入细节容易影响设计师的思维发散，不利于设计方案的创新。

6.1.3 设计展开阶段

在对构思草图不同设计方案的讨论中，设计师择优确定其中可行性较高的设计方案，将最初的设计概念横向展开、层层深入，使较成熟的产品雏形逐渐表达出来。此时的表达方式主要以精细草图或方案看板为主。

6.1.4 设计深入阶段

经过上述步骤之后，产品的设计方案所要传达的主要设计信息，如产品的外观形态、内部结构、所需的材料及加工工艺等基本可以敲定。由于还需要让工程、结构等相关设计人员更直观地了解设计方案、确定整体尺寸，因此有必要绘制产品的爆炸效果图和二维平面效果图。此时的设计表达应当涵盖产品设计中的每一个细节部分，目的是将设计师的意图准确无误地传达给下游工程设计人员。

6.1.5 设计完成阶段

产品结构和整体效果图为设计审核、模具制作、生产加工等部门提供产品最后完成的预期技术参考，工程设计人员可以依据这些参考在CAD/CAM软件中构建三维模型，同时进行结构设计，并以这些数据为依据试制产品手板和样机。在设计概念数字化、实体化这一步骤完成后，基本可以得到产品生产后的预期效果，表现形式通常为三维效果图、三维实体模型及工程结构、装配图。

从设计表达在产品设计环节中所扮演的角色可以看出，其内涵及外延已获得极大的拓展，它不仅涵盖从激发设计师灵感的设计草图到方案细化、绘制效果图的二维平面作业阶段，也包括从二维工程图的生成到制作手板、模型、样机等预想产品在实现量产化之前的所有从抽象的、二维的概念到具体的、三维实体的工作。在经济全球化的大背景下，在市场竞争迫使生产企业尽可能地缩短产品开发周期的情况下，如何在尽可能短的开发时间内提高工作效率，把自己头脑中一闪而过的创意快速、合理、准确地表现出来，是摆在设计师面前的现实课题。

综上所述，设计表达在产品设计创意表达中的作用与意义可以归结为以下3点。

（1）记录思维过程，快速表达构想。

（2）推敲方案延伸构想。

（3）沟通设计师与其他领域专家的桥梁。

6.2 电磨设计

如图6–1所示，电磨的前期构思阶段以单线草图形式进行表达，重在发散思维，注重概念生成的数量。造型采用海洋生物形态特征进行连续的造型规划。

如图6–2所示，对电磨设计方案作进一步的优化分析，重点确定几款方案并以马克笔简单渲染，表达产品材质的特点和分形的可能性，这些草图是对仿生形态的极佳表现，概念源于对动物的感受。

考虑人机方面的要求，手握操作时候的状态，在保证基本功能的基础上归纳形态，手握时的阻力设计也是重点考虑的部分。

马克笔的概括运用能表达出形态的起伏转折关系，也能表现一定的质感效果。对形态充分理解才能提炼有效的笔触。宽、窄笔触的组合能营造出面的过渡。

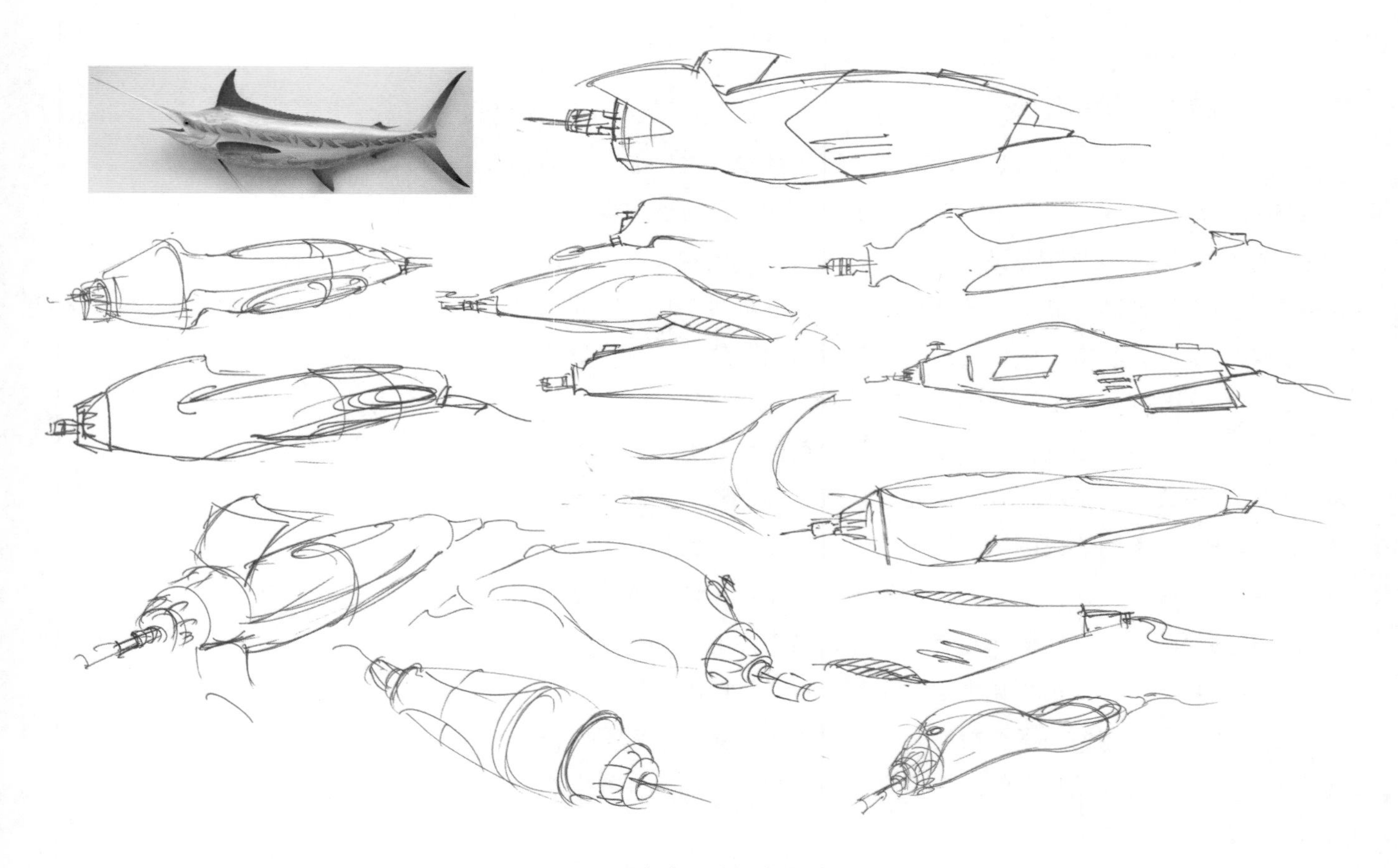

图6–1　电磨设计单线草图

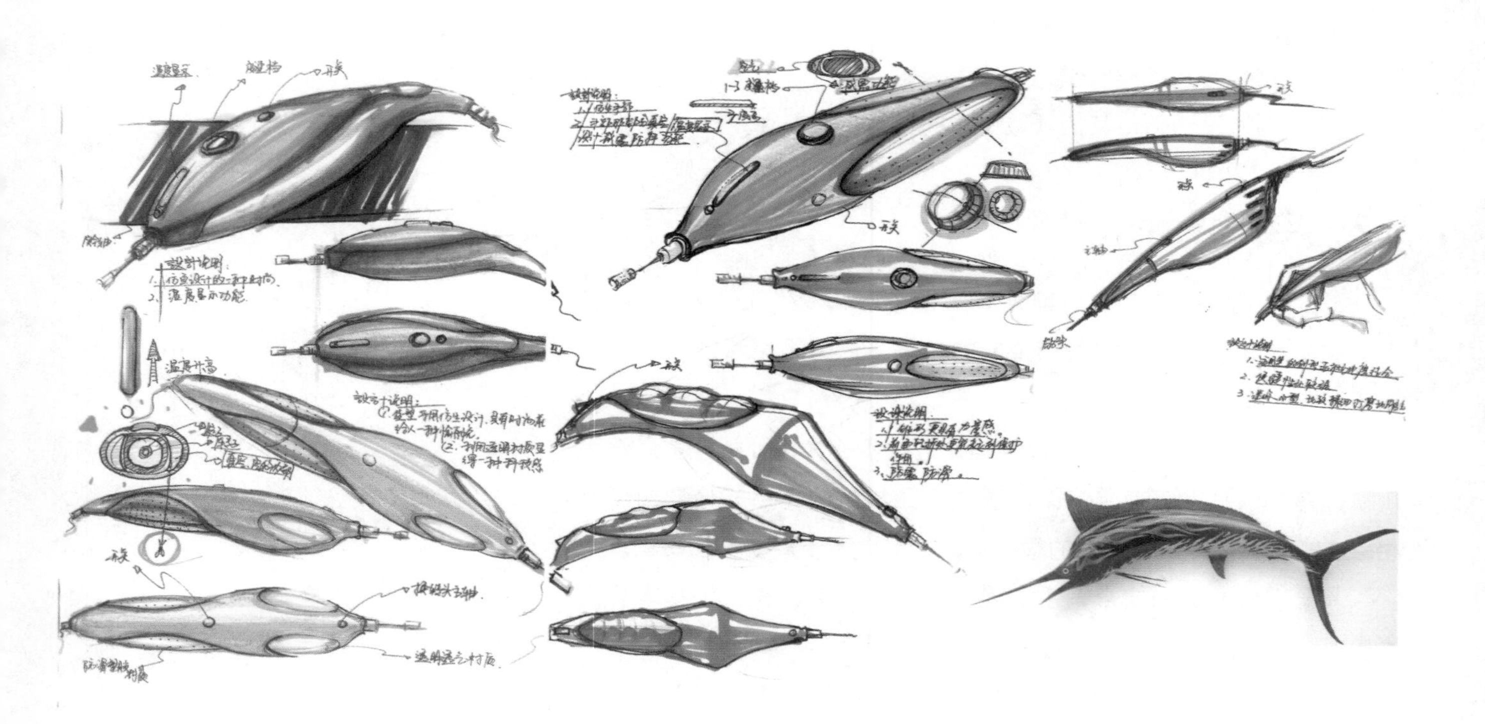

图6–2　电磨设计马克笔渲染

图6–3中，草图绘制的角度要选择能表达形态最大特征的一面。这个角度可以很好地控制产品的形态分布。有利于进一步提炼概念和选择方案。图6–4为电磨设计最终方案。

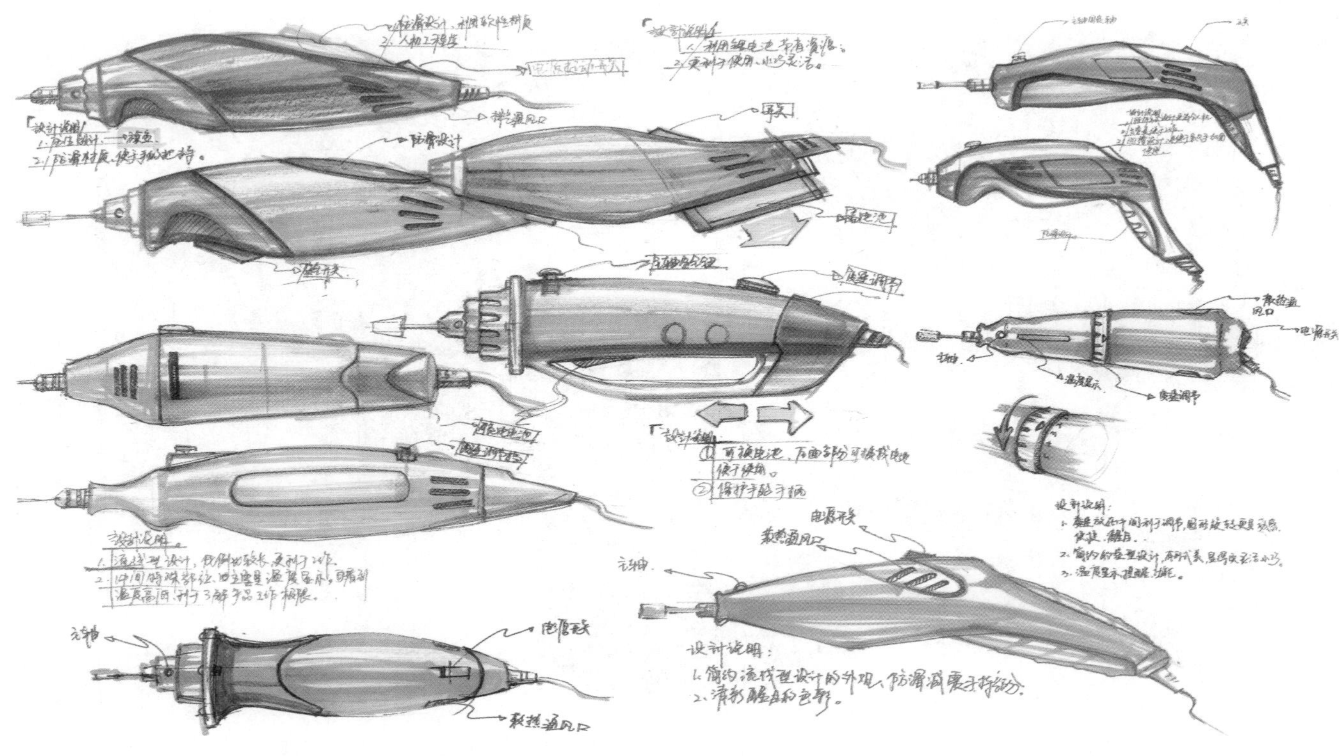

图6–3　选择绘制角度

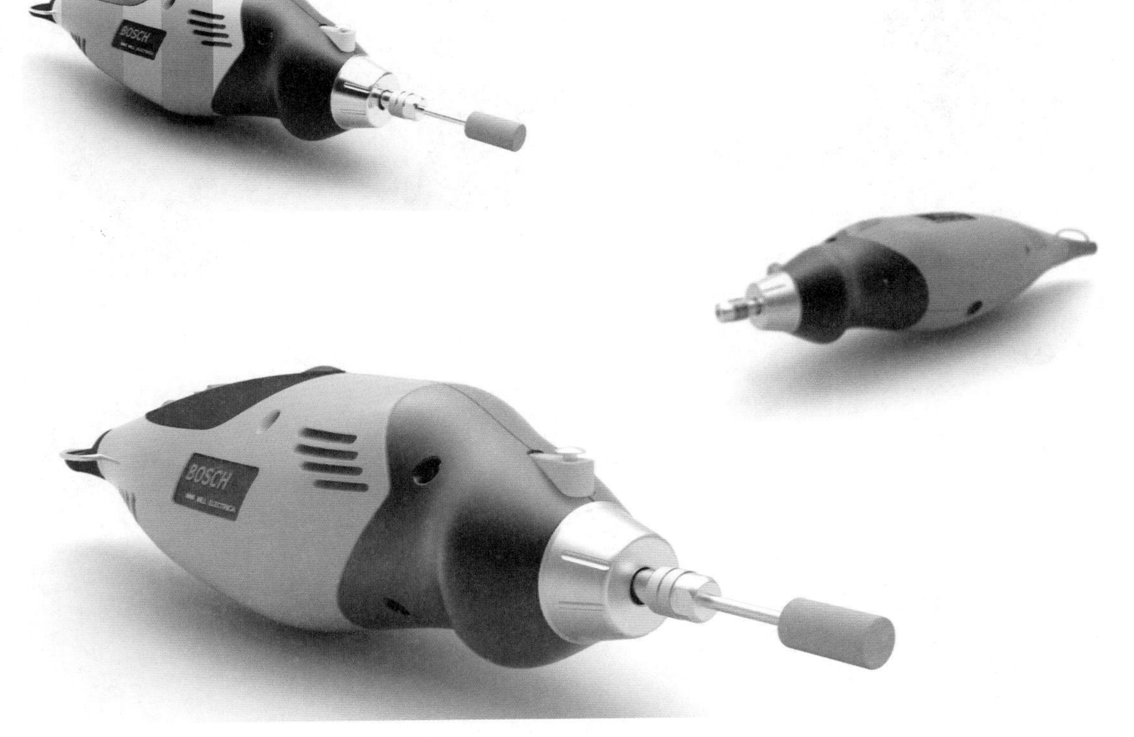

图6–4　电磨设计最终方案

6.3 按摩椅设计

图6–5、图6–6为按摩椅设计方案。

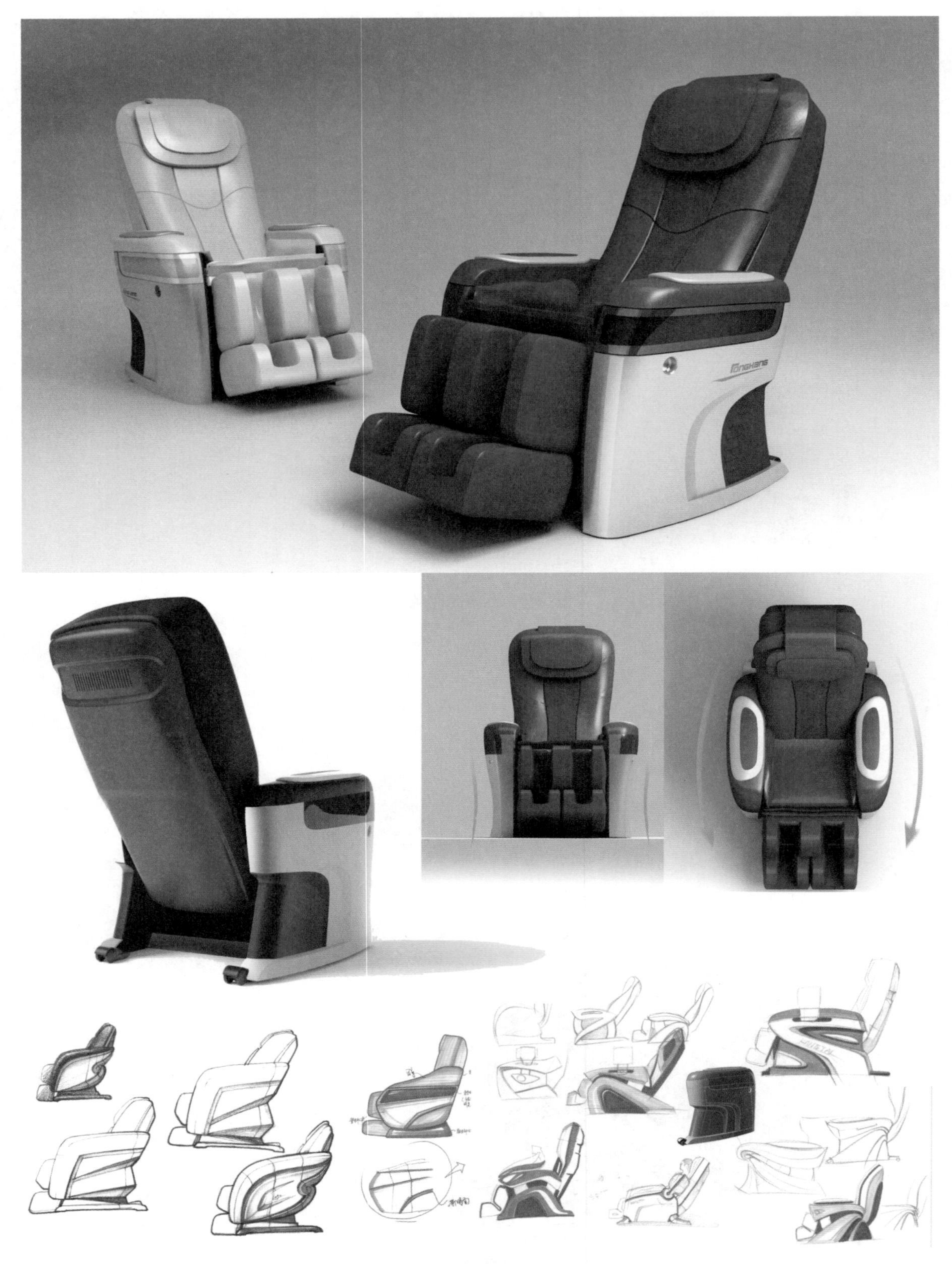

图6–5 按摩椅设计草图

第一款以流线型为主，定位为家用，要求进行改良设计，只需要开少量模具，就可以使原有的产品更新换代，从而减少成本的投入，而获得最大的利益。构思重点集中在侧板的形态设计上，考虑侧面塑料件的装饰效果要和整体协调，椅背和腿脚按摩装置有一定的活动角度，所以侧板造型就要配合其他部位运动到不同状态时整体效果。第二款造型比较方正，体现大气，定位在商用环境。产品吸取汽车的造型元素。考虑结构设计的可行性，造型特点明确，利于开模。

两款造型运用形态元素不同，产生了截然相反的效果。

图6-6　按摩椅设计效果图

6.4 遥控器设计

图6—7所示是一款遥控器设计的草图构思过程，这个产品具有鼠标的功能(滚轮和确认键)。

遥控方式作了一些改变，更利于手的把握和操作，强调用线条的造型力量来表现形体微妙的转折关系。这要求设计师对产品内部构造有深入、细致的了解。

单线勾画形态的基础上扫描到计算机上用Photoshop软件简单进行表面材质的渲染，更接近最后的方案效果。这也是现在比较常用的表达方法。

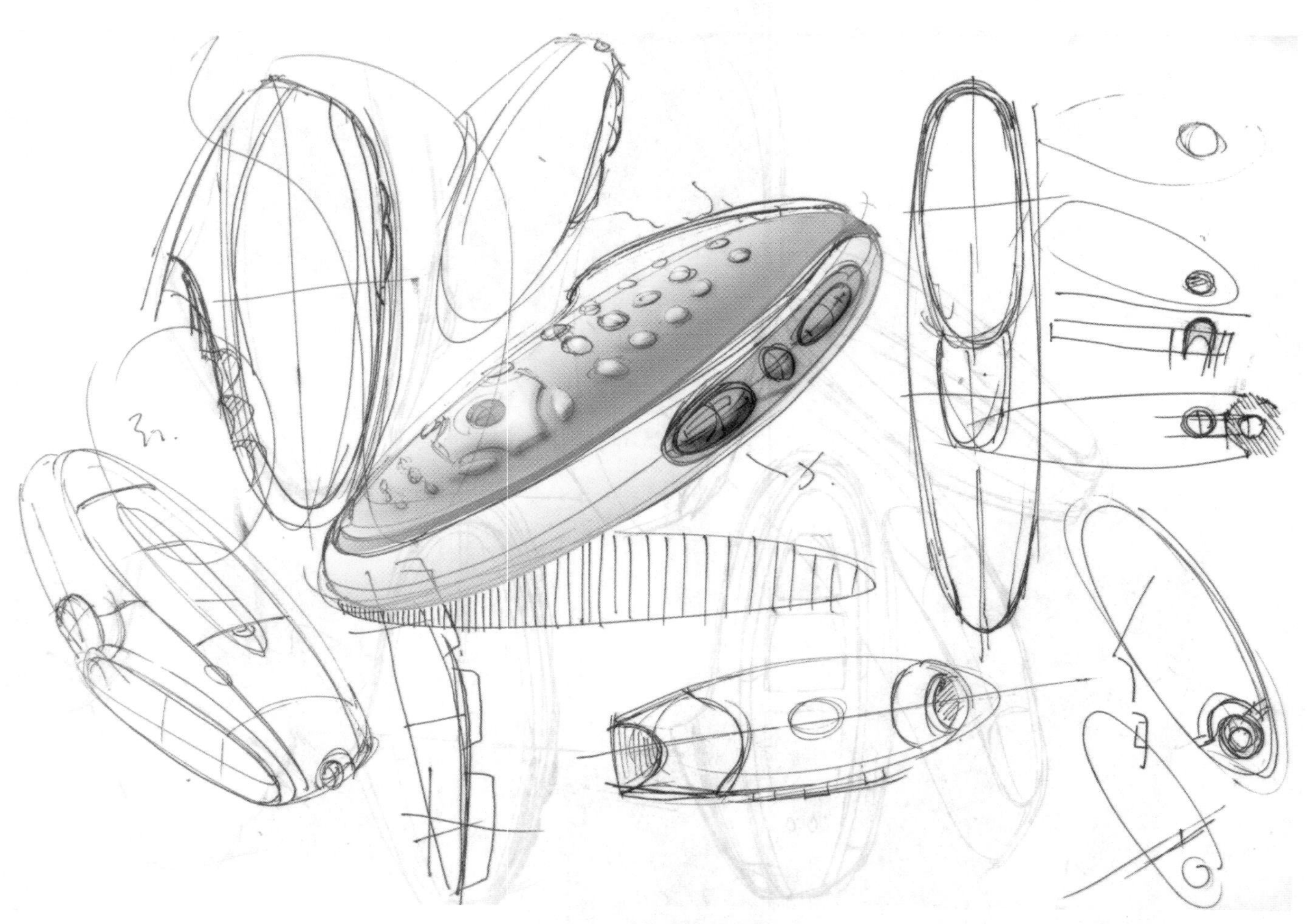

图6—7 遥控器构思草图

图6–8为遥控器的三视草图。图6–9为遥控器的实物照片。

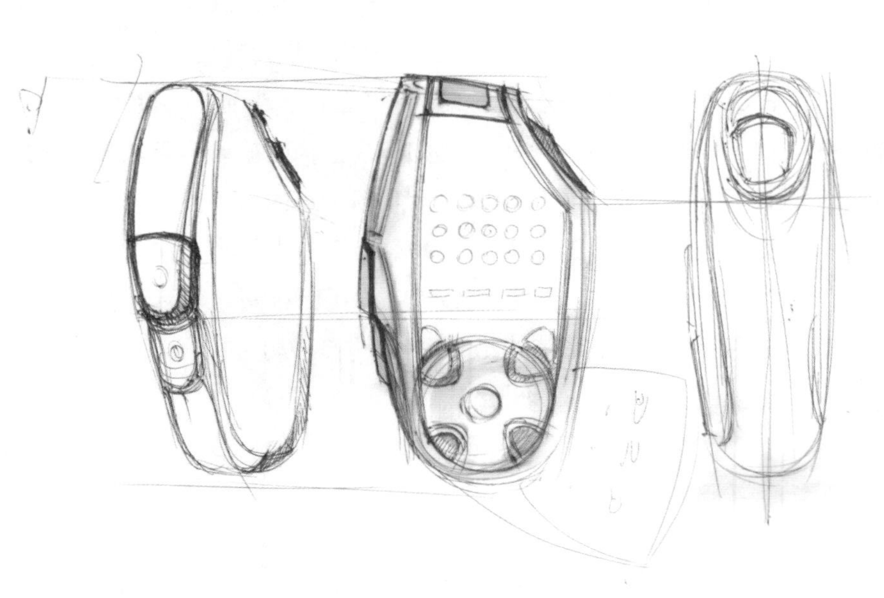

图6–8　遥控器三视草图

图6–9　遥控器实物照片

图6–10为遥控器设计草图。

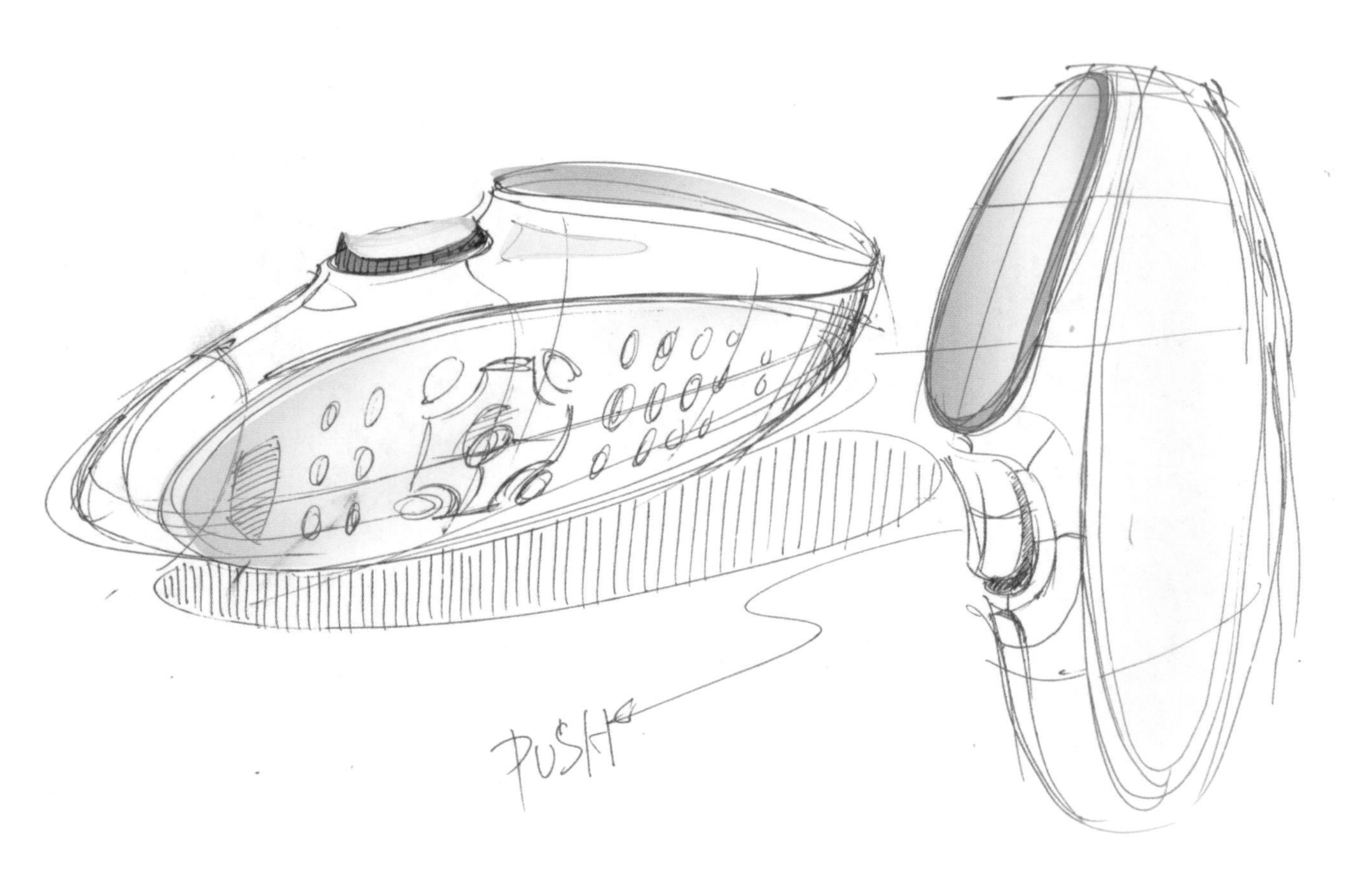

图6–10　遥控器设计草图一

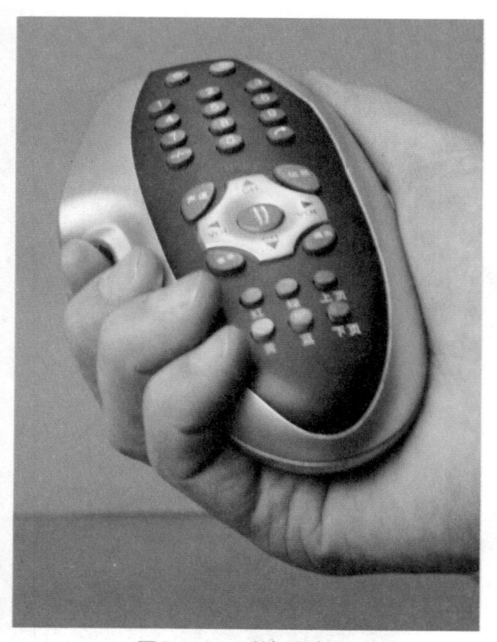

图6—11　遥控器实物

图6—11为遥控器实物。

图6—12为设计草图。对于手的操作习惯的分析要求细致到每一个按钮的形态、位置的考虑上。这个部分的草图其优点在于简单实用，没必要过多用马克笔渲染，只需能把人机关系表现到位即可。

图6—13中的草图构思角度选择了正面、背面、侧面的透视效果，以便能照顾整体形态的连贯和衔接，构图简单实用，表现比较全面，草图构图是与设计师的设计意图一致的，不需要套用什么方式的构图形式，注重的是实际设计需要。

先勾画概念形态，对形体转折走向不断推敲，然后用粗签字笔描绘主体分形。突出形体的比例关系（图6—14）。

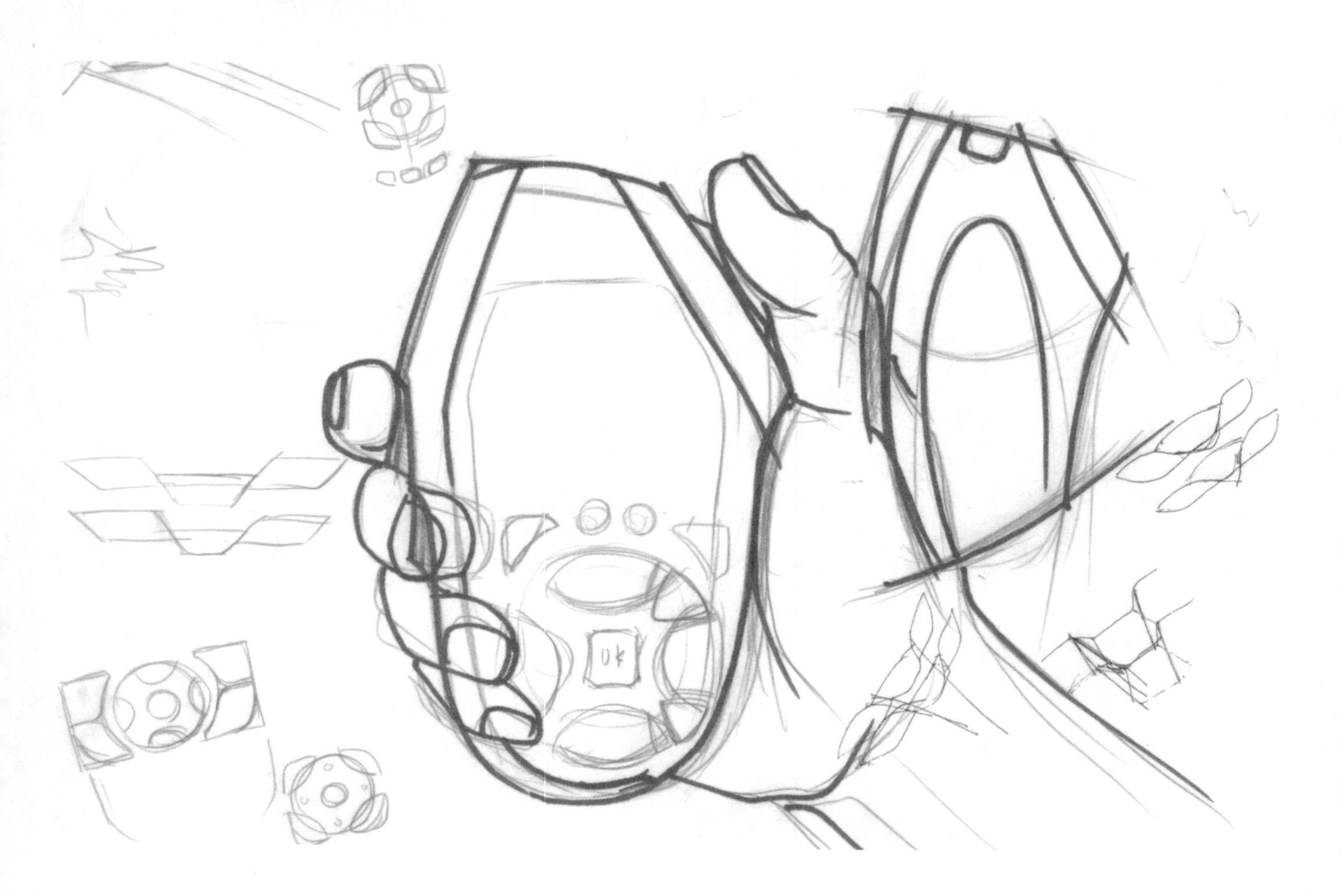

图6—12　遥控器设计草图二

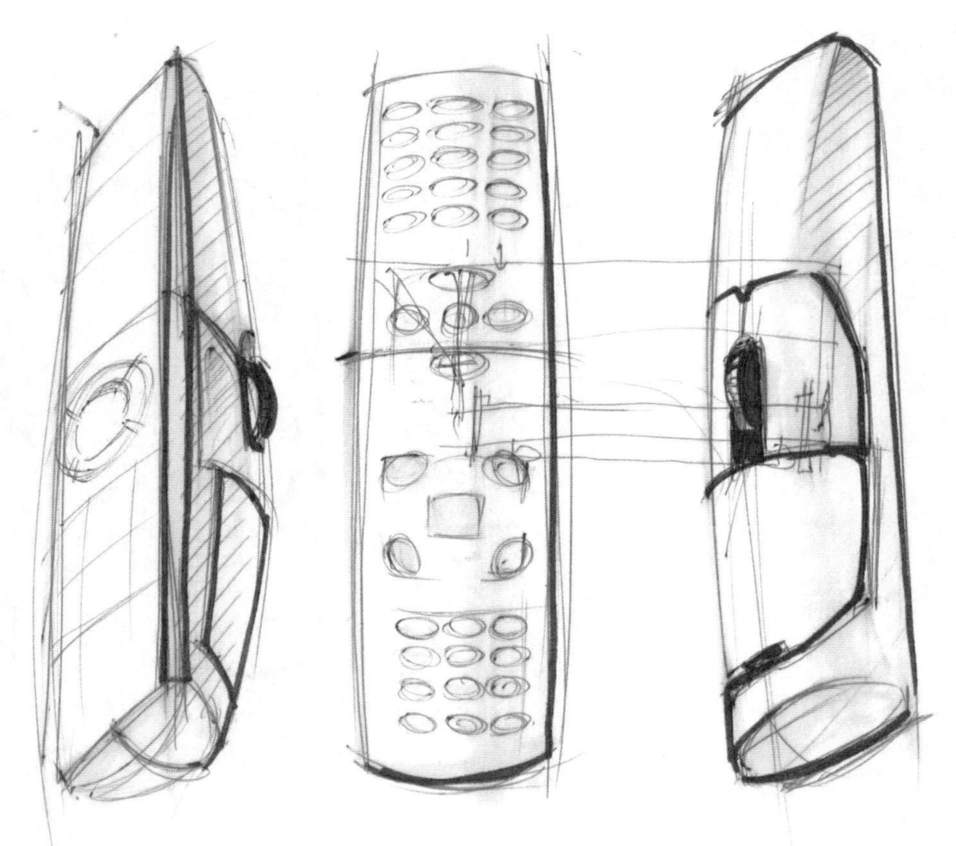

图6-13　遥控器草图构思角度

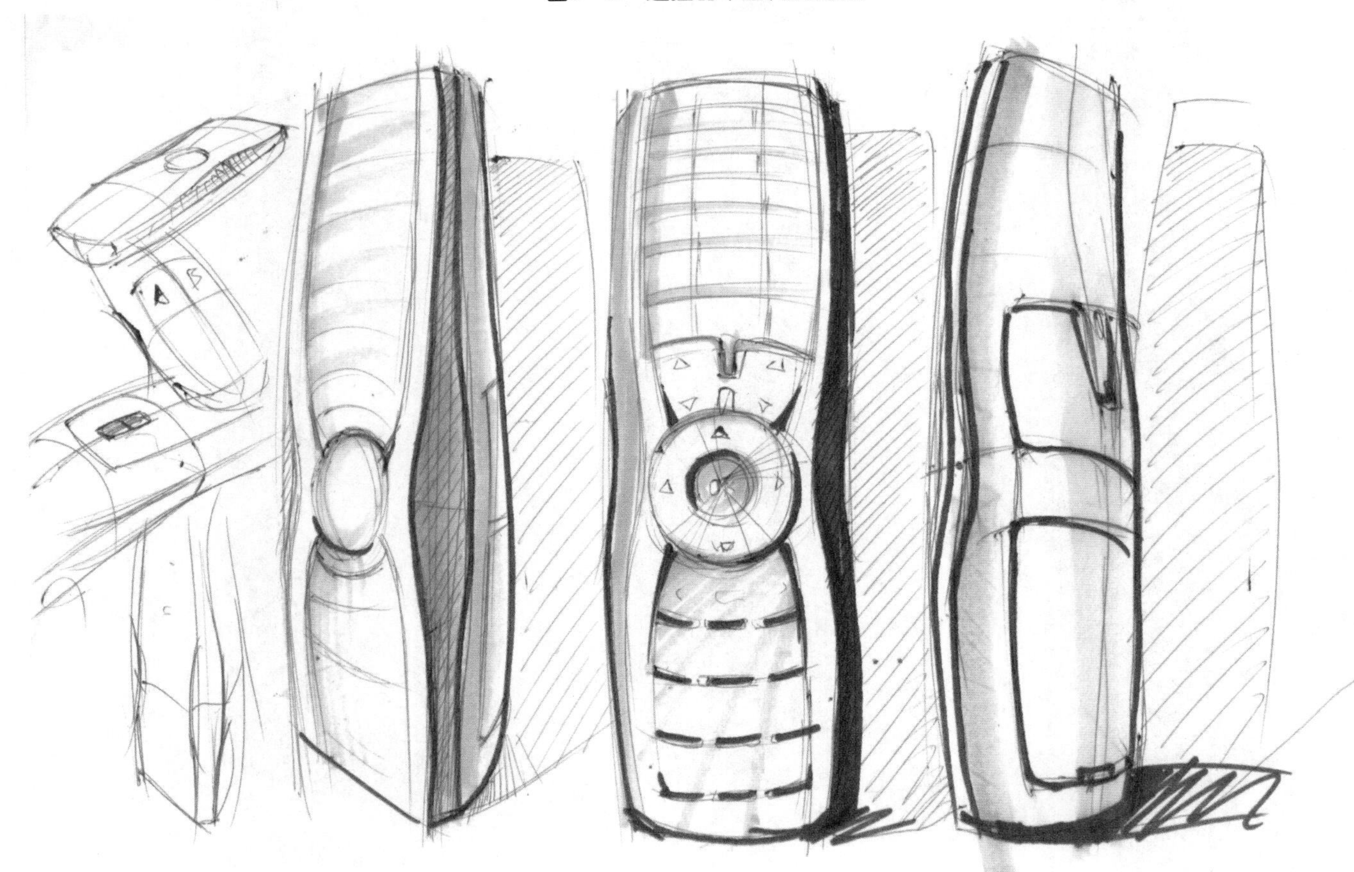

图6-14　遥控器设计草图二

图6–15为分析造型前后面的对应关系，考虑内部结构设置的要求，布置细节形态。用笔注重虚实搭配，突出大结构关系。

图6–16即为最终的效果图。

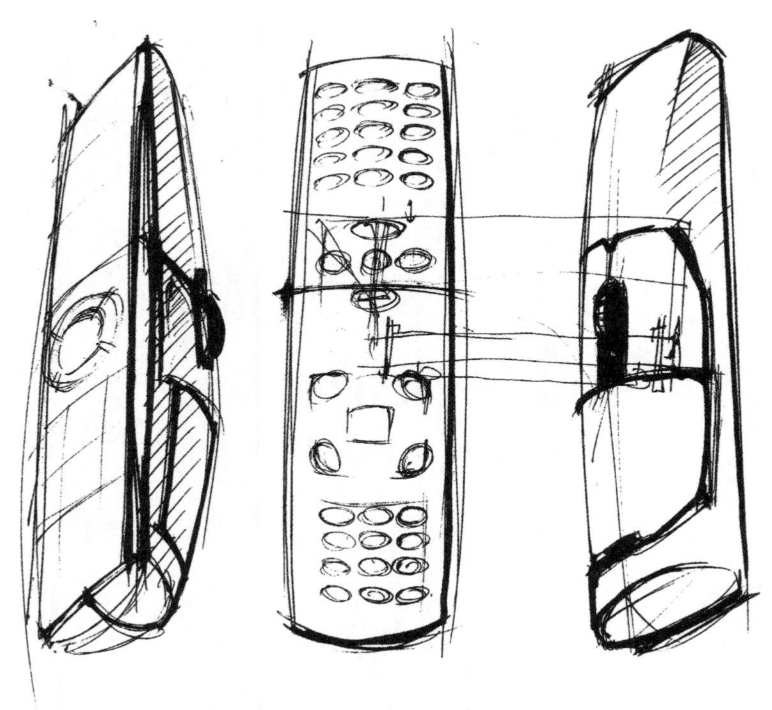

图6–15　分析造型对应关系

图6–16　遥控器最终效果图

6.5　跑步机设计

图6–17是一款跑步机设计构思草图。

先以浅、冷、灰色调的马克笔进行整体块面明暗渲染，用暖灰色调区分出结构的分割，然后用中灰、深灰色调进一步塑造形体暗部和转折面，最后重点刻画细节形态。

在确保满足基本功能需求的基础上增加操作面板的合理性，装饰性，采用不同的表面处理工艺诠释不同功能区的划分。适当地增加附加功能，完善人们在跑步过程中的各种需求，形成持久的吸引力。图6–18即为跑步机的最终效果图。

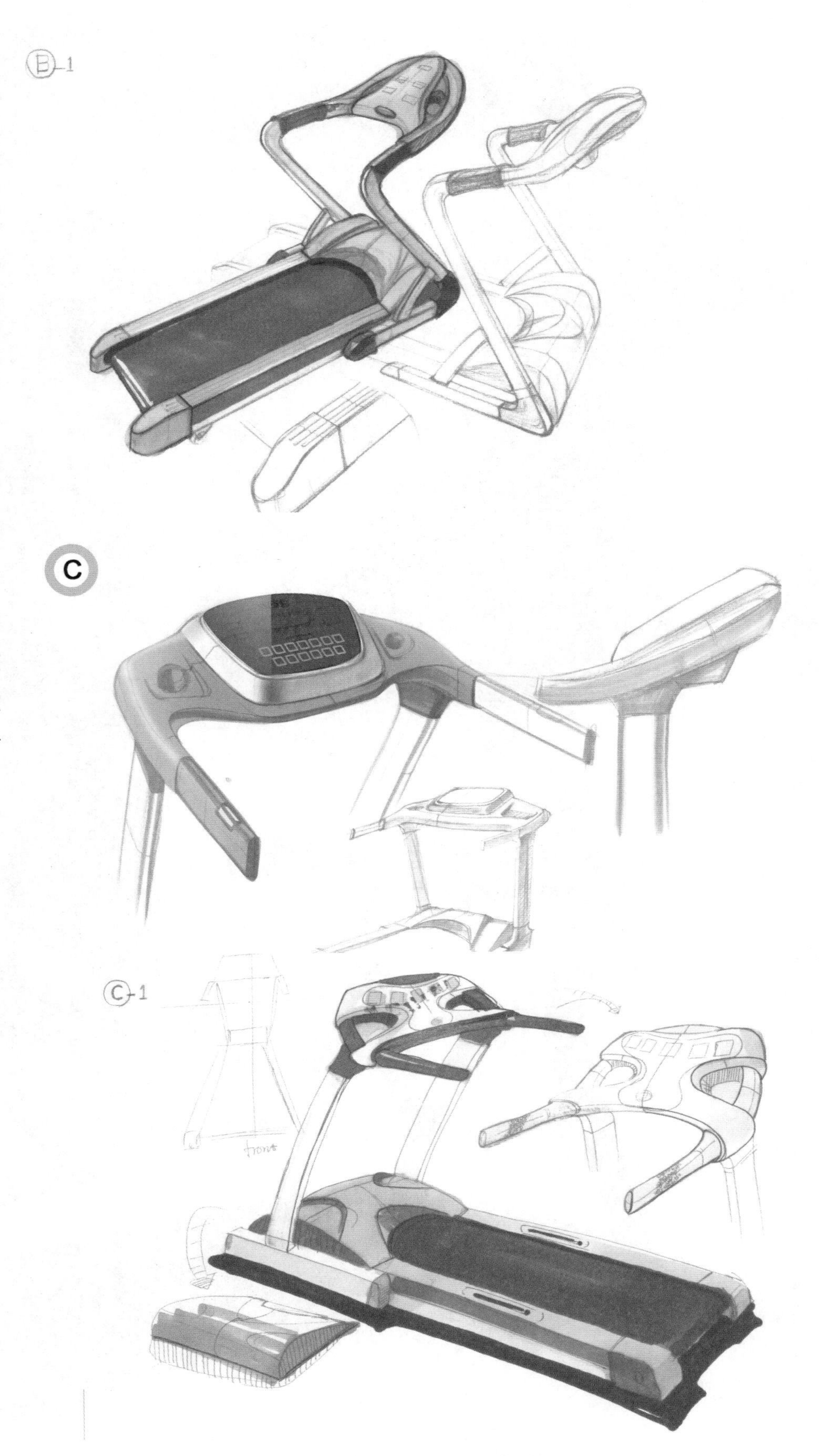

图6–17　跑步机设计草图

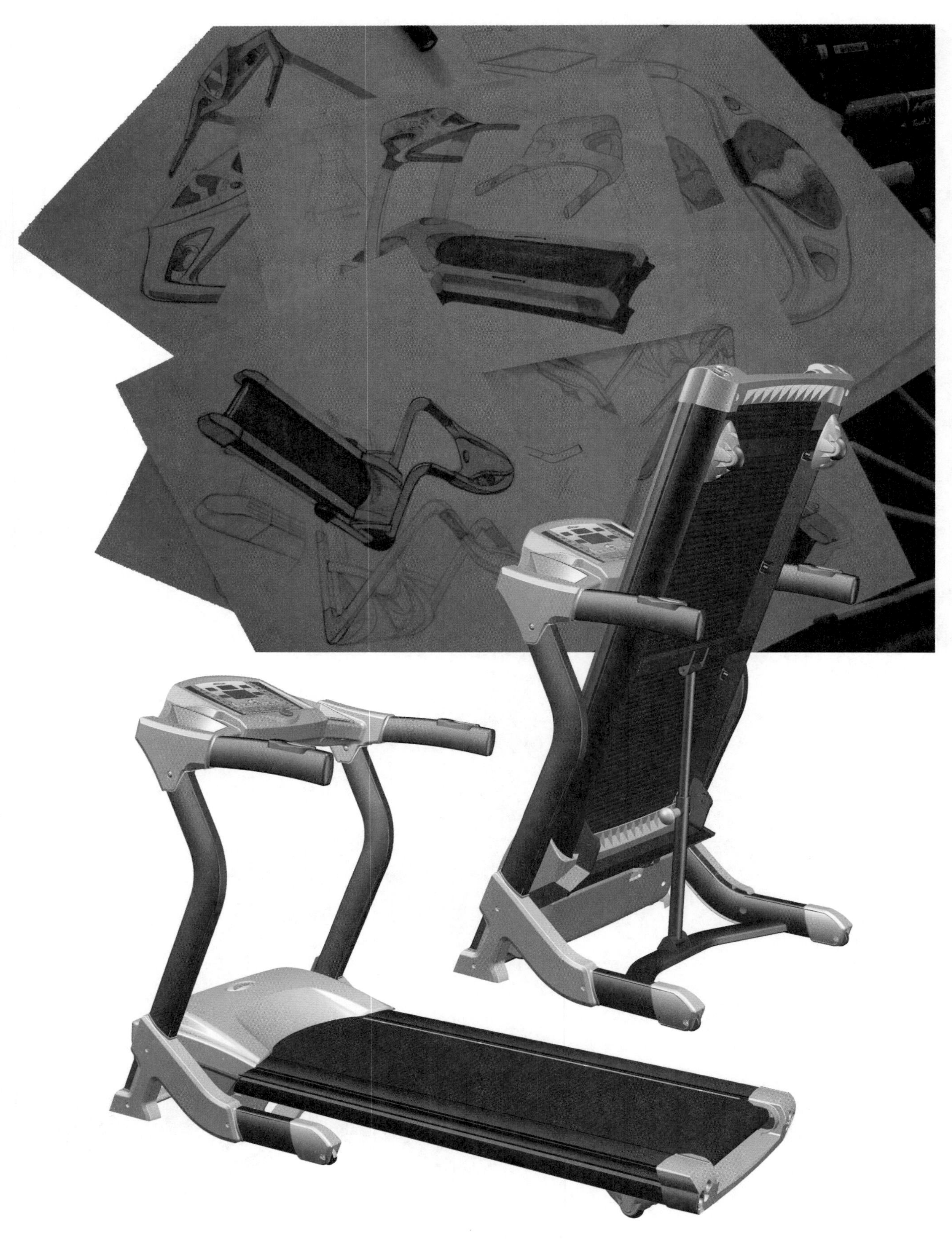

图6–18 跑步机效果图

6.6　野营炉具设计

图6–19为野营炉具的效果图。我们要根据效果图来进行草图构思。

草图构思针对具体细节来进行，重点部位采用马克笔上色，突出造型特点和材料质感。

草图构思的过程实际也是了解该产品的一个过程（图6–20），设计师不可能精通每一类的产品设计，在接到新设计任务的时候，可以利用草图对现有产品的结构以及造型进行勾画，达到了解和分析产品的目的。甚至对样品进行拆分研究。本次设计就是采用这种方法进行的，充分把握现有产品整体结构，才能给设计师更大的空间发挥创意。

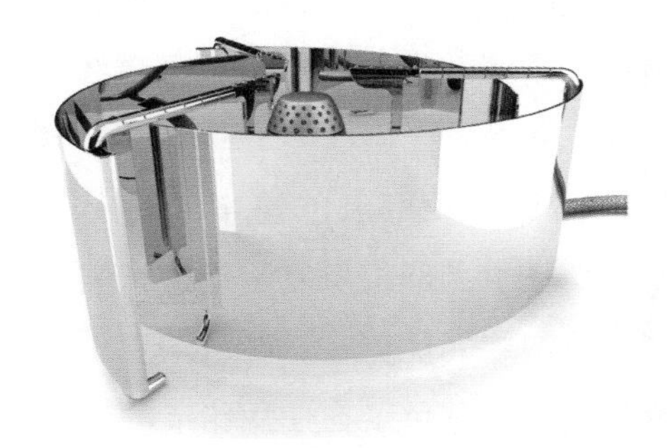

图6–19　野营炉具效果图

图6–20　野营炉具细节设计

图6–21为用炭笔对产品整体进行明暗规划图，在重点部位采用蓝色马克笔进行上色渲染，实现由轻到重的颜色叠加，产生形态的立体感、厚重感，马克笔的特点是反复用笔可使颜色逐步加重。最后用白色水粉点出高光。

图6–22中野营炉具的造型创意来自蜘蛛的形态，通过草图分析点火方式和开关装置的可行性。

图6–21　野营炉具炭笔渲染

支架的设计考虑了两种形式：中心式的方式采用镂空的设计使产品减轻了重量；向四周张开式的方式利于携带包装，各有好处。最后选择了后者，在产品使用过程中稳定性方面占有优势。

本设计采用黑色签字笔进行绘制，在重点部位反复运笔进行强调，签字笔的优势在于颜色浓重，运笔流畅，避免了在使用铅笔的时候对橡皮过分依赖的状况，使思考过程更加顺利。

图6-23至图6-28为最终的效果图及草图构思过程。

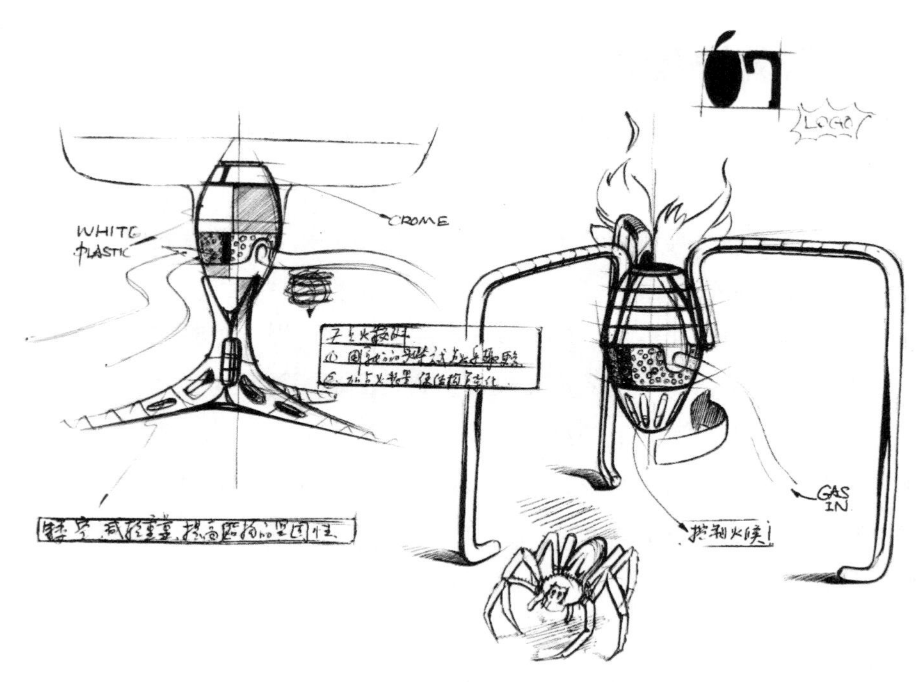

图6-22　点火方式和开关装置构思草图

图6-23　野营炉加气效果图

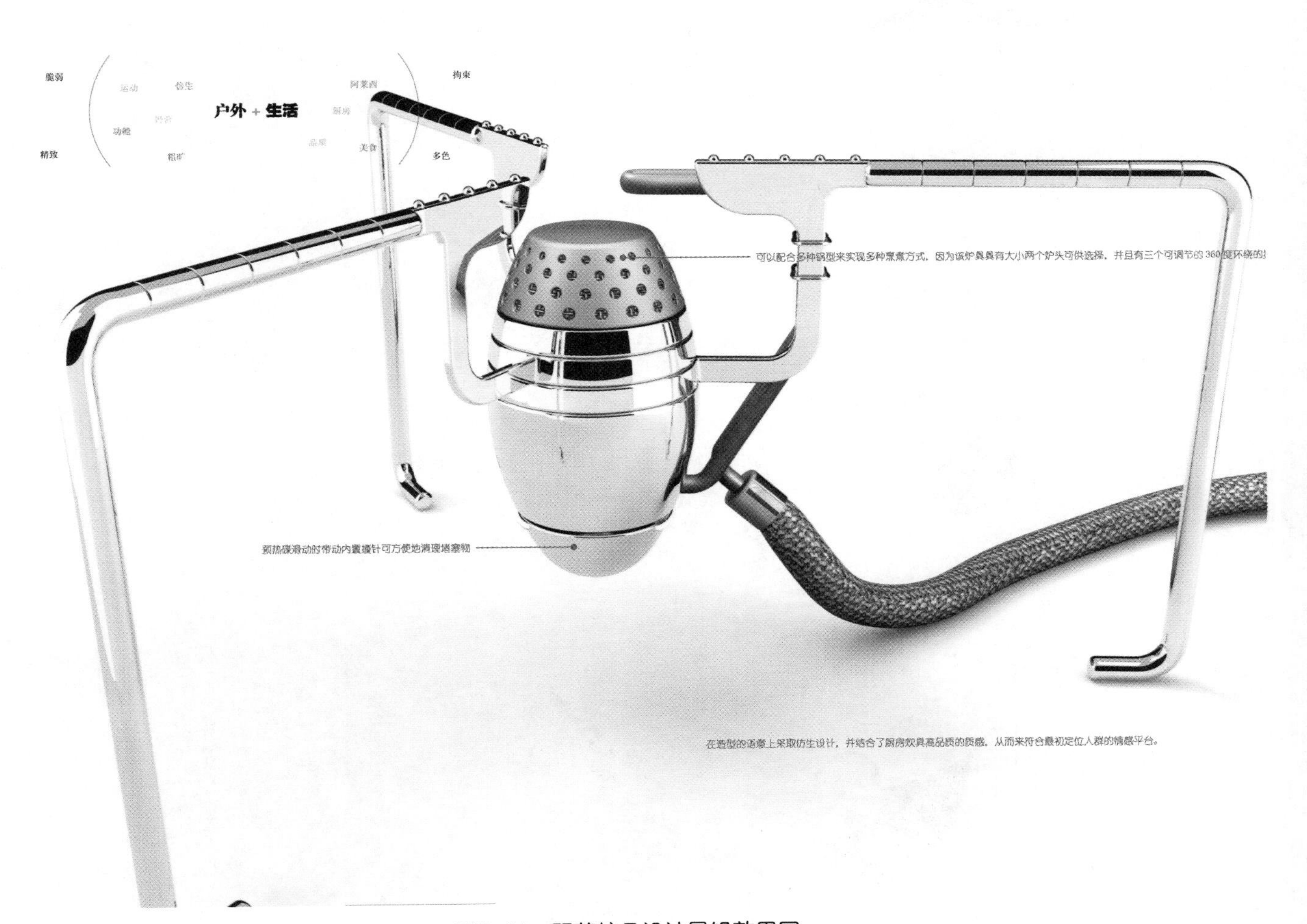

图6—24　野营炉具设计最终效果图

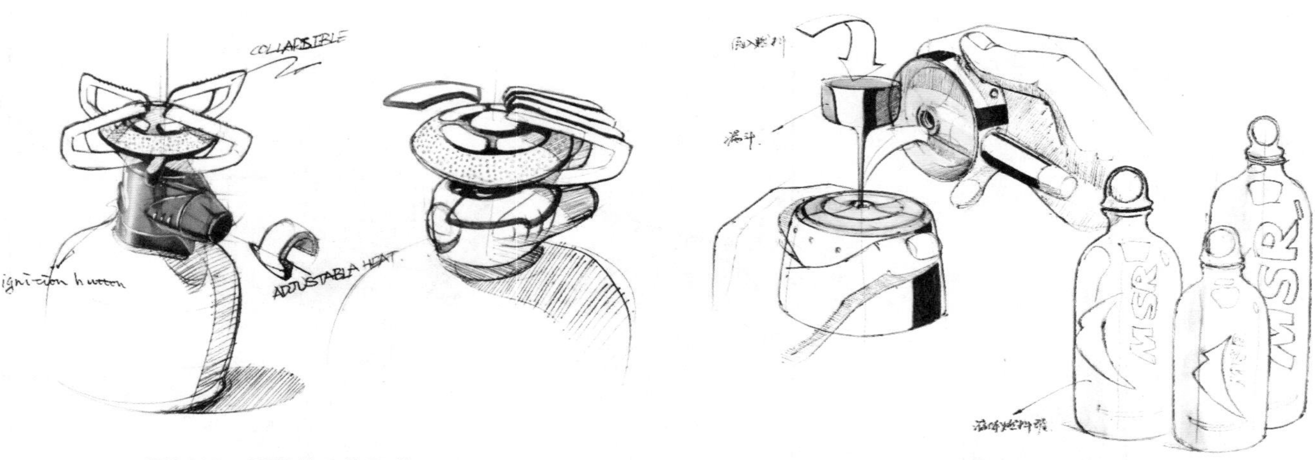

图6–25 野营炉具构思草图一

图6–26 野营炉具构思草图二

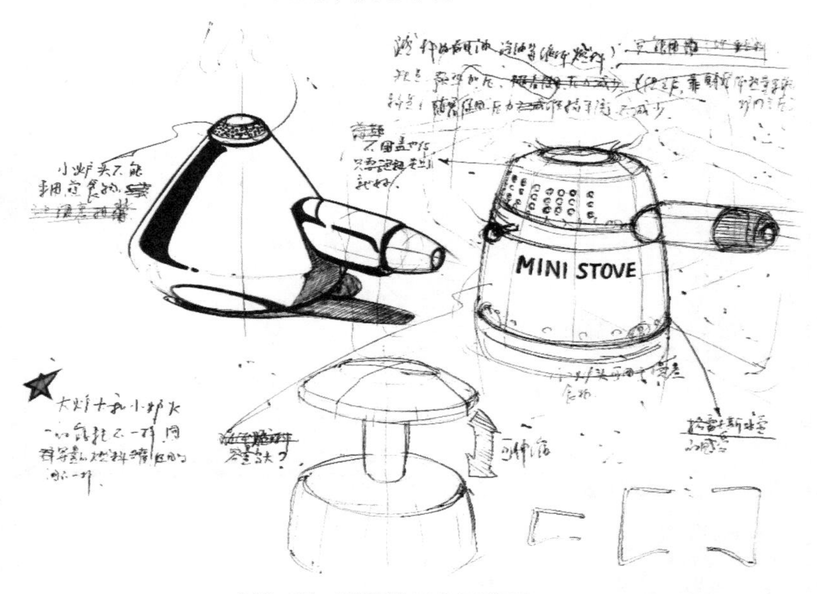

图6–27 野营炉具构思草图三

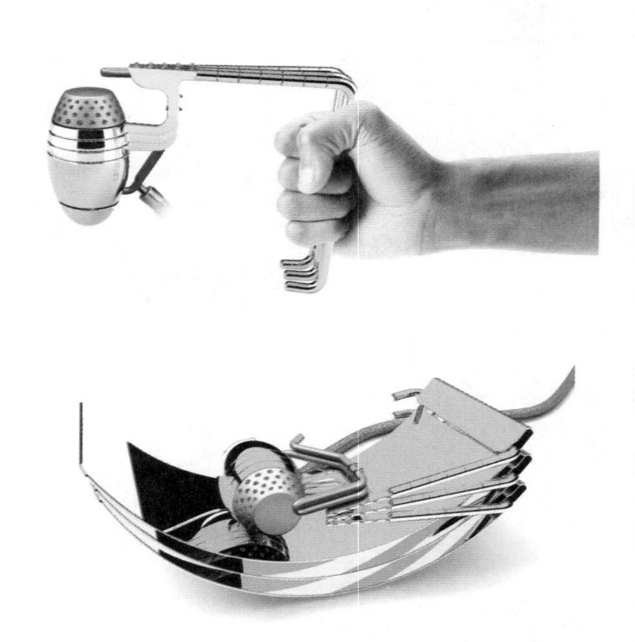

图6–28 使用效果图

6.7　汽车效果图

如图6–29所示的线条采用中性笔进行描绘，笔触交错流畅，表现了汽车曲面变化的丰富性，用马克笔展现不同材质的质感效果。

车身用黑色马克笔勾画出侧面线条的光影变化，不规则的椭圆面概括出整体汽车形态的起伏变化。运用强烈的反光效果渲染汽车表面的流线型特点。

汽车手绘的重点是对透视关系的运用，要熟练地把握汽车的造型结构特点。

侧面的几条水平线条是把握汽车正确透视的关键，也是车身形态构成的主要因素所在。

图6–29　汽车线条

如图6–30所示的这幅画面上完成了汽车不同角度造型的效果图，能反映出一个优秀的设计师所要具备的深厚造型功底，汽车在变换角度后要控制造型变化，形成同一款车的形态一致性和统一性。

图6–30　汽车效果图

6.8 曲线锯设计

图6—31至图6—33为曲线锯的设计线条图、三视效果图及最终效果图。

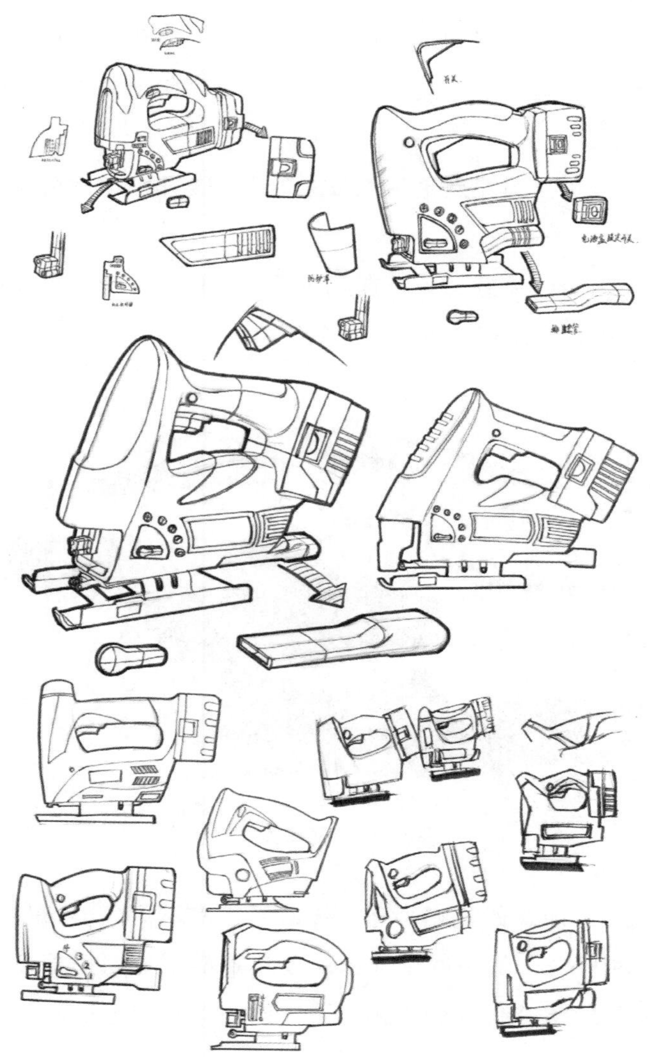

图6—31 曲线锯设计草图

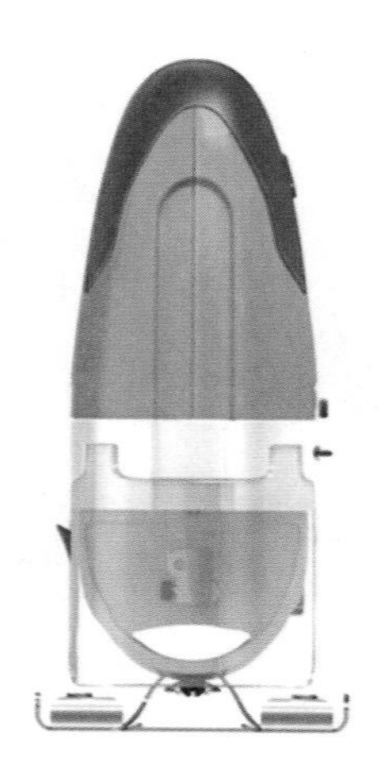

图6—32 曲线锯三视效果

产品命名为“SPE”，分别为Safe、Precise、Easy的首字母缩写。该命名突出了这款产品的特点——使用时更安全、切割更准确、使用更加方便。

这款线锯的中心下移，可以使它在工作时更加稳定，从而减少切割的误差。透明罩的设计可以保护使用者的安全。

草图采用黑色签字笔进行绘制，勾画的线条相对严谨，这里可区分出三条不同粗细的线：轮廓线、形体线和结构线。这也是手绘草图最容易掌握的绘制方式。

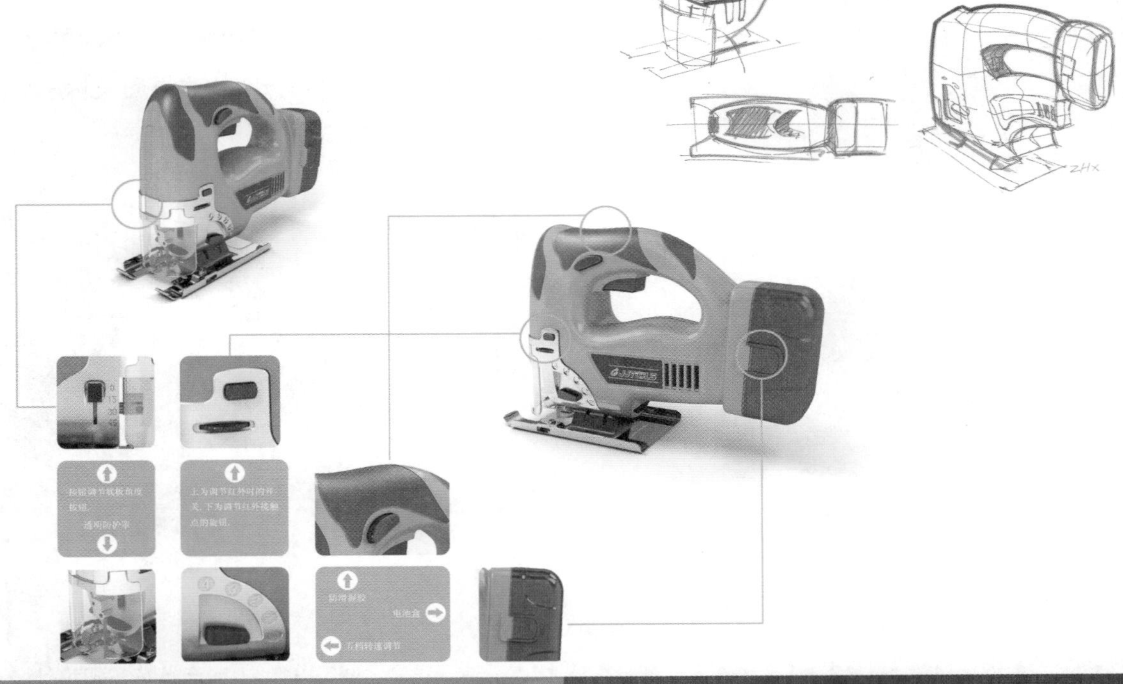

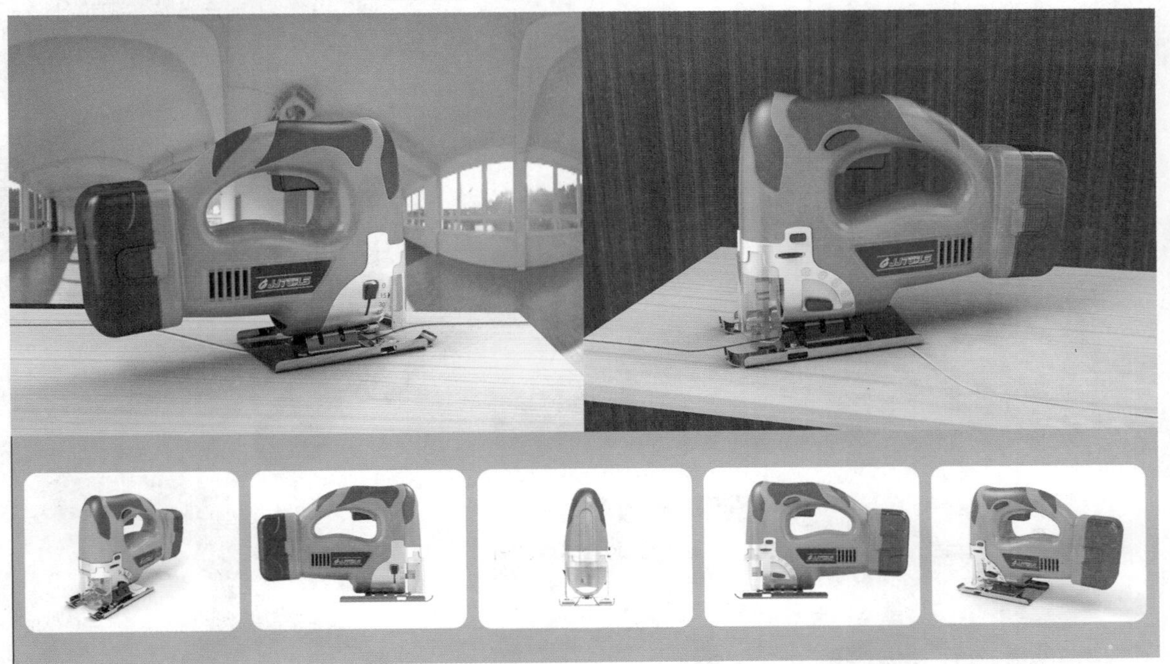

图6–33　曲线锯设计最终效果

6.9 自行车设计

图6–34主要是对车架进行改良设计。可以看出该草图设计者认真进行了市场调研，参考了很多科幻电影中出现的形象，例如《变形金刚》《钢铁侠》《终结者》等，支架造型的灵感借鉴了电影中经典角色的形态特点。体现年轻人的喜好。考虑车身应该具备的动感特征，并对手臂的尺骨机构特点进行了有效模仿。

形态线条感强，采用签字笔勾线，用中灰马克笔渲染出明暗效果，而不必反复着色，一笔带出大体转折即可。

图6–35至图6–37为自行车的效果图及构思草图。

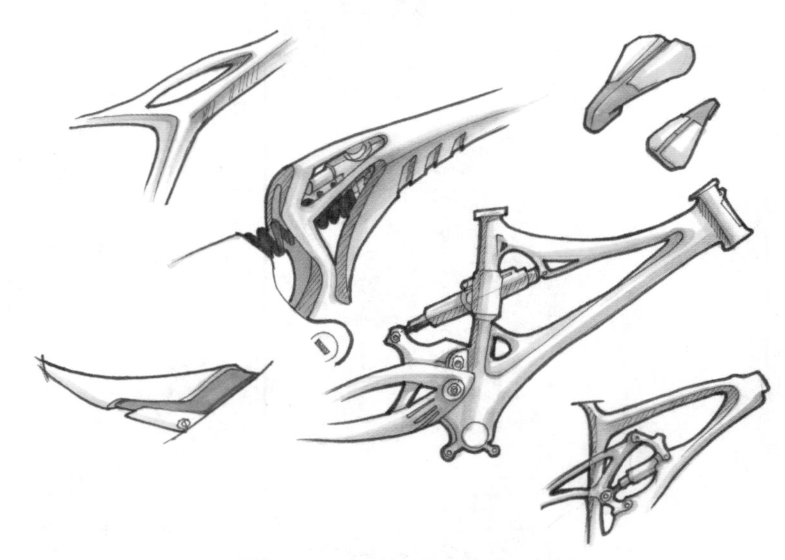

图6–34 山地自行车车架设计

图6–35 山地自行车局部效果

图6-36　山地自行车最终效果图

图6–37　自行车构思草图

如图6–38所示，构思初期绘制大量草图方案，寻找造型形式的可能式。

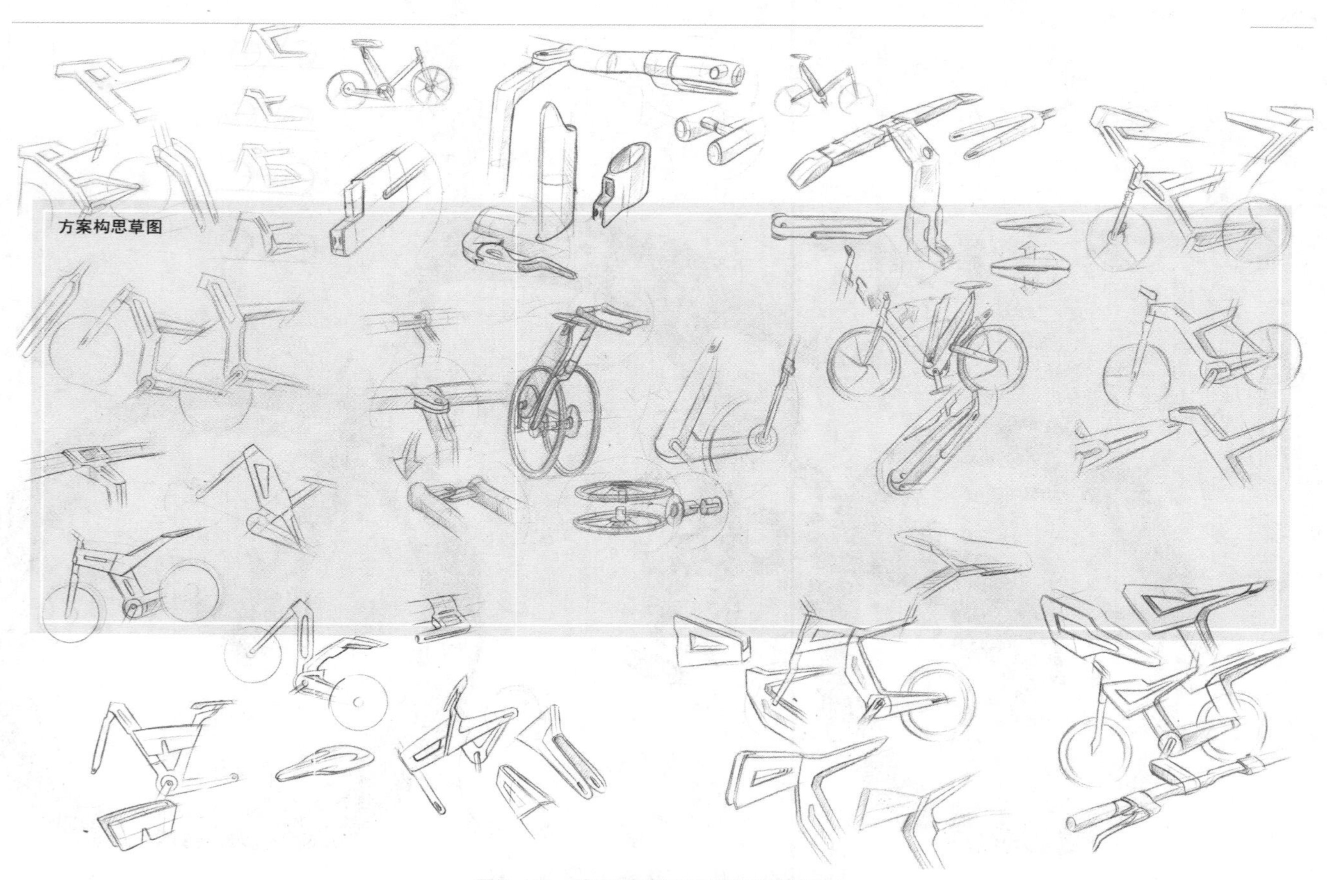

图6–38　自行车设计方案构思草图

大体方向确定后，进行局部造型设计，可适当加一些马克笔渲染，增加产品形体感，进一步对方案进行推敲（图6-39、图6-40）。

图6-39　自行车设计马克笔渲染

图6-40　自行车设计构思方案

图6–41中的自行车机构图可以为后期的效果图制作提供便利，这里可以检查设计结构方面的合理性。采用手绘形式勾画可帮助设计师对产品结构进行更深的了解和记忆，后期建模会更加容易。自行车设计最终效果如图6–42所示。

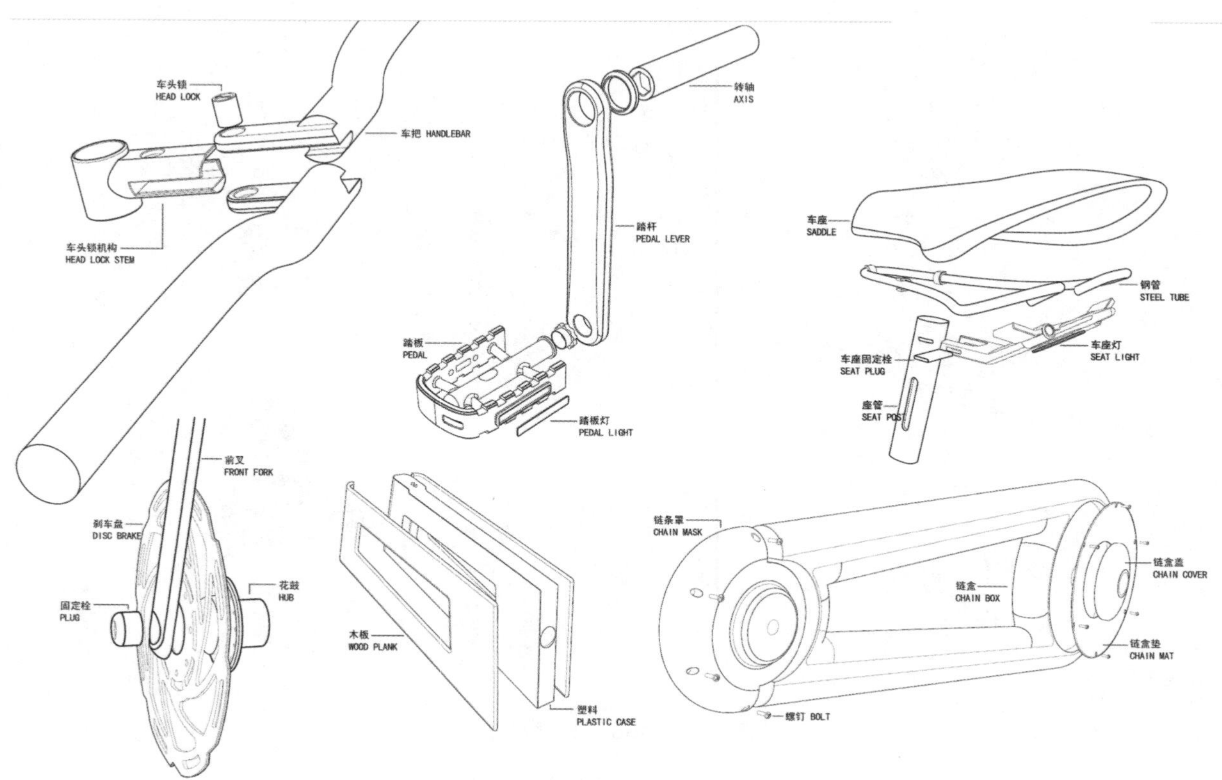

图6–41 自行车机构图

图6–42 自行车设计最终效果图

6.10 概念车设计

概念车设计前期铅笔勾画基本概念方案，中期在铅笔稿的基础上用Photoshop软件进行简单渲染，最后细化采用手绘板直接绘制（图6−43至图6−48）。

图6−43 概念车效果图

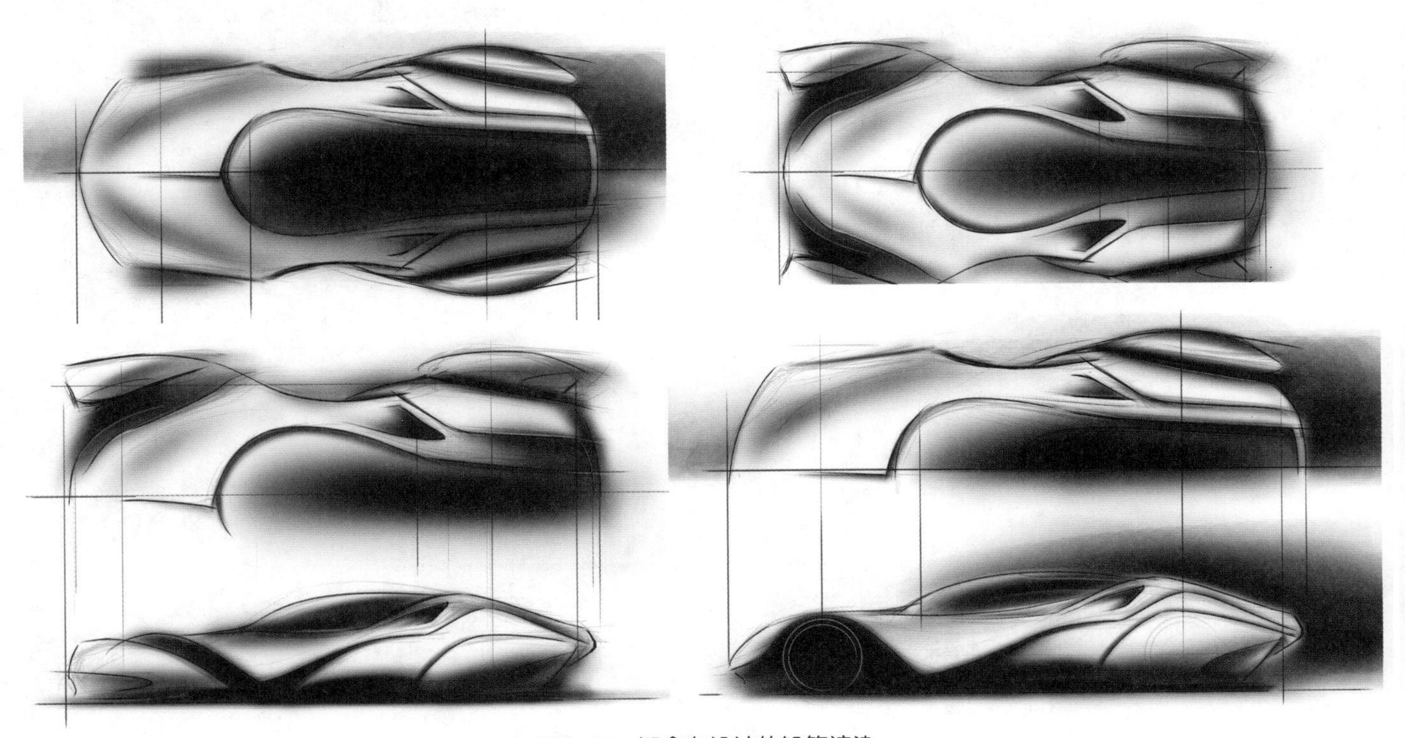

图6−44 概念车设计的铅笔渲染

图6–45 概念车效果图二

图6–46 手绘板绘制概念车初步的草图

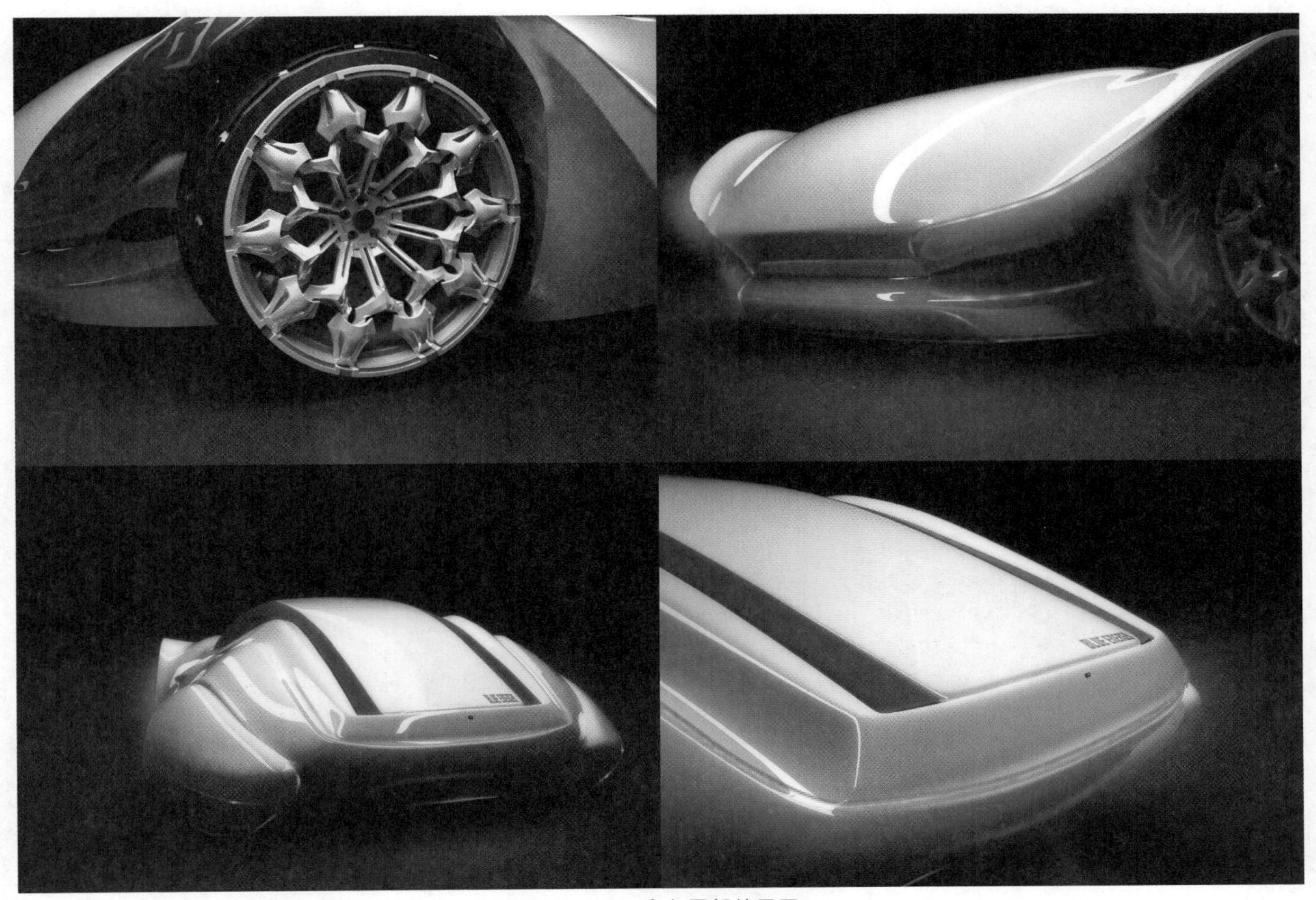

图6–47　概念车局部效果图

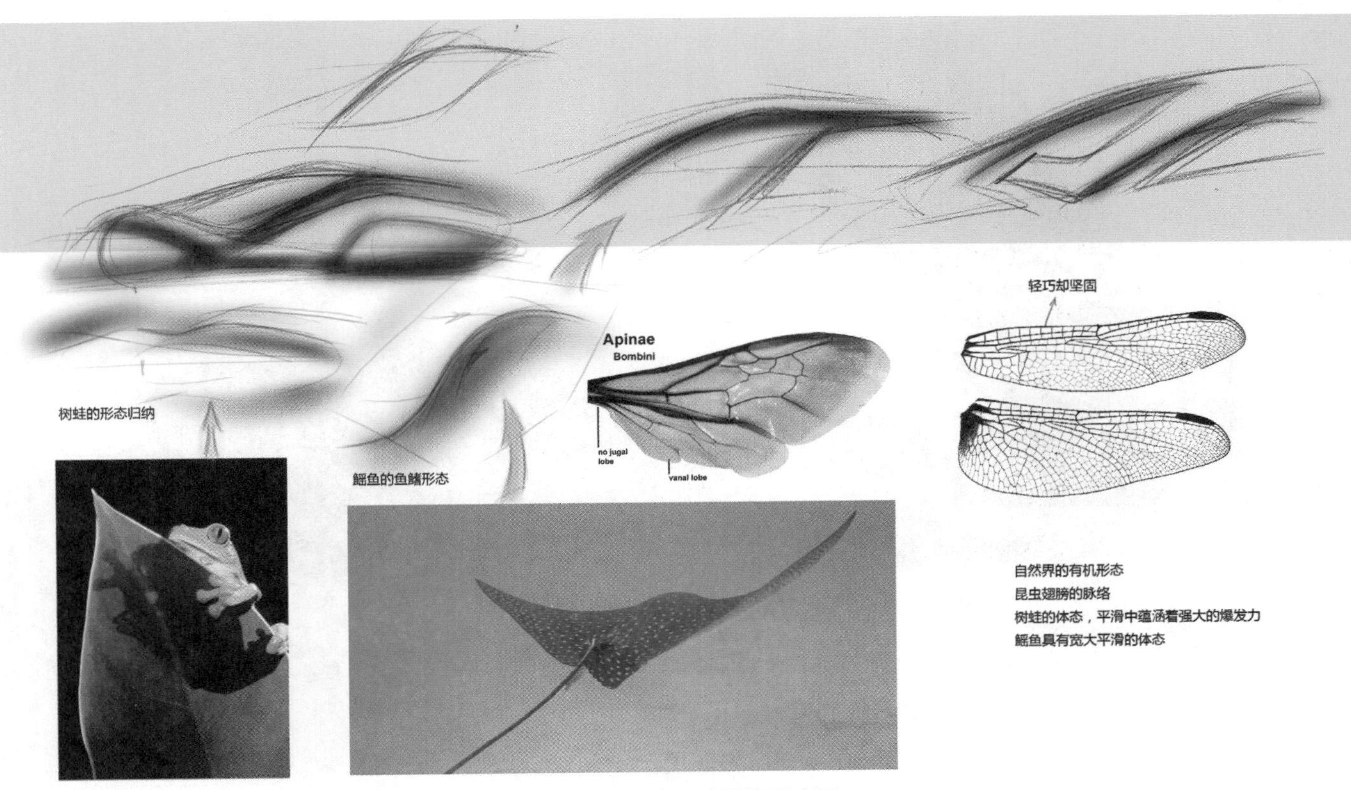

图6–48　概念车造型构思来源

车门打开方式：当轻触车门向上抬起时，在助力装置的作用下，四门会产生向前上方、同时向外侧倾斜的动作（图6–49）。

图6–49 手绘板绘制概念车草图

如图6–50、图6–51所示的概念车其性能指标如下。

乘坐2人，氢电混合动力，隐藏式LED发光，长4900mm、宽2207mm、高1230mm，碳纤维基底，X型强化车体结构，陶瓷刹车碟，可回收车体零件超过60%。

图6–50　概念车效果图一

图6–51　概念车效果图二

源自海洋生物的形态，稳定中蕴涵着时刻准备爆发的力量。流畅的曲线贯穿整个车身，遵循经典车型的完美比例，能源采用混合动力方式，在保证最大限度地符合环保要求的同时，也能够保证澎湃的动力。照明系统采用新型LED发光技术，具有低能耗、高亮度、使用寿命长的特点。放弃传统的后视镜设计，通过电子设备的支持来实现对车后方的观察。

乘坐空间的受力结构与外形很好地配合，同时也加强了安全性。

6.11　笔记本计算机包设计

图6—52在进入创意环节的初期，针对计算机包的功能特点并借鉴其他种类的箱包设计的成熟造型来进行脑力激荡，这是发散思维阶段，对具体结构不做要求。

不断地尝试，不断地改变，抓住每一个小小的闪光点，再把它放大，直到其他人也明白了设计师的用心。草图表达是最直接最快的。

适当加入一些情景使用分析是必要的，可以体会实际使用的感觉，把握下一步的设计方向（图6—53）。

图6—54中的爆炸图分析各部分结构以及连接关系，是对草图方案的细化，也可以检验设计是否合理，通过马克笔的上色表达材质感。

图6—52　计算机包设计构思草图

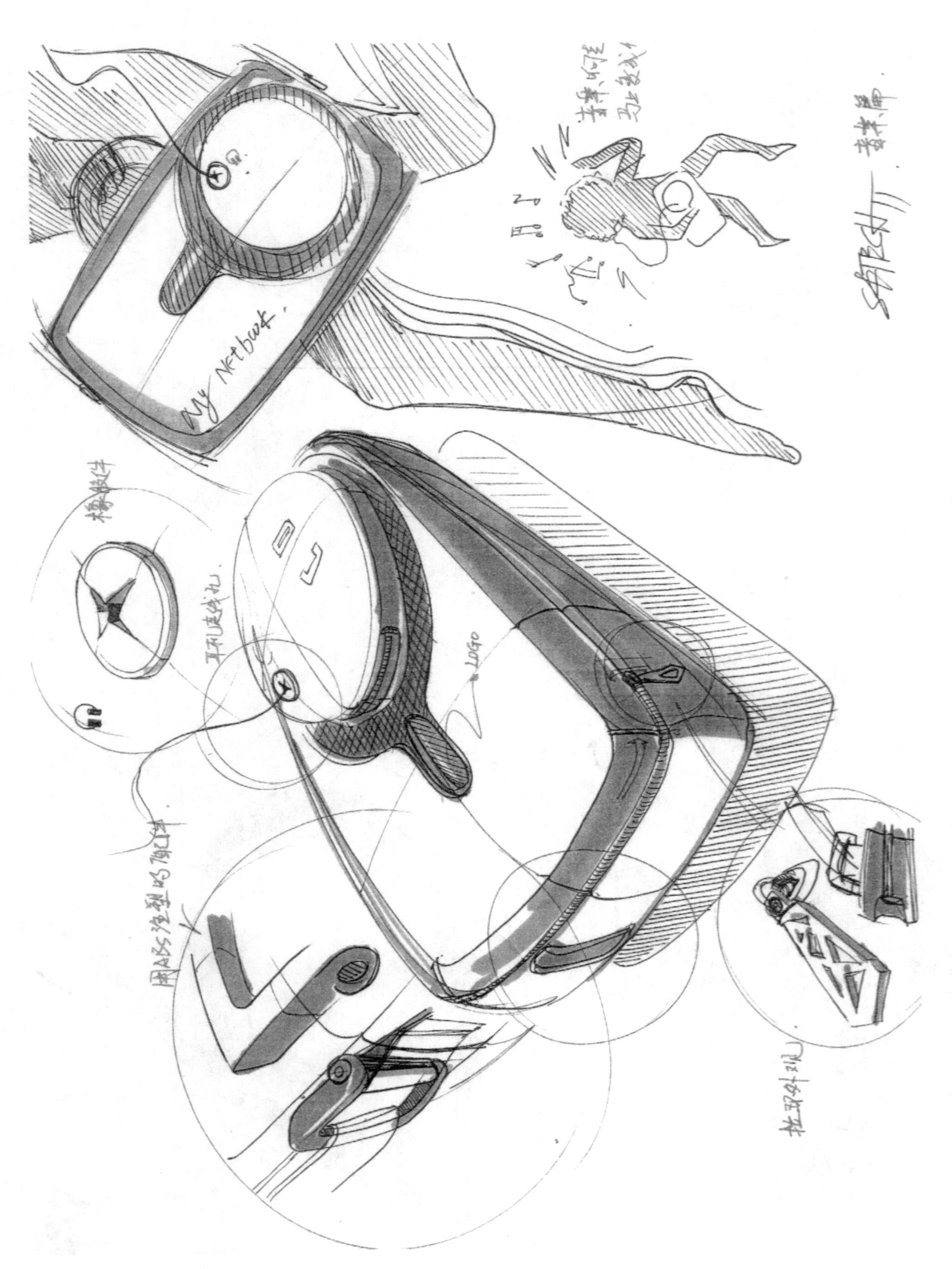

图6–53　马克笔上色渲染出基本的形体感觉

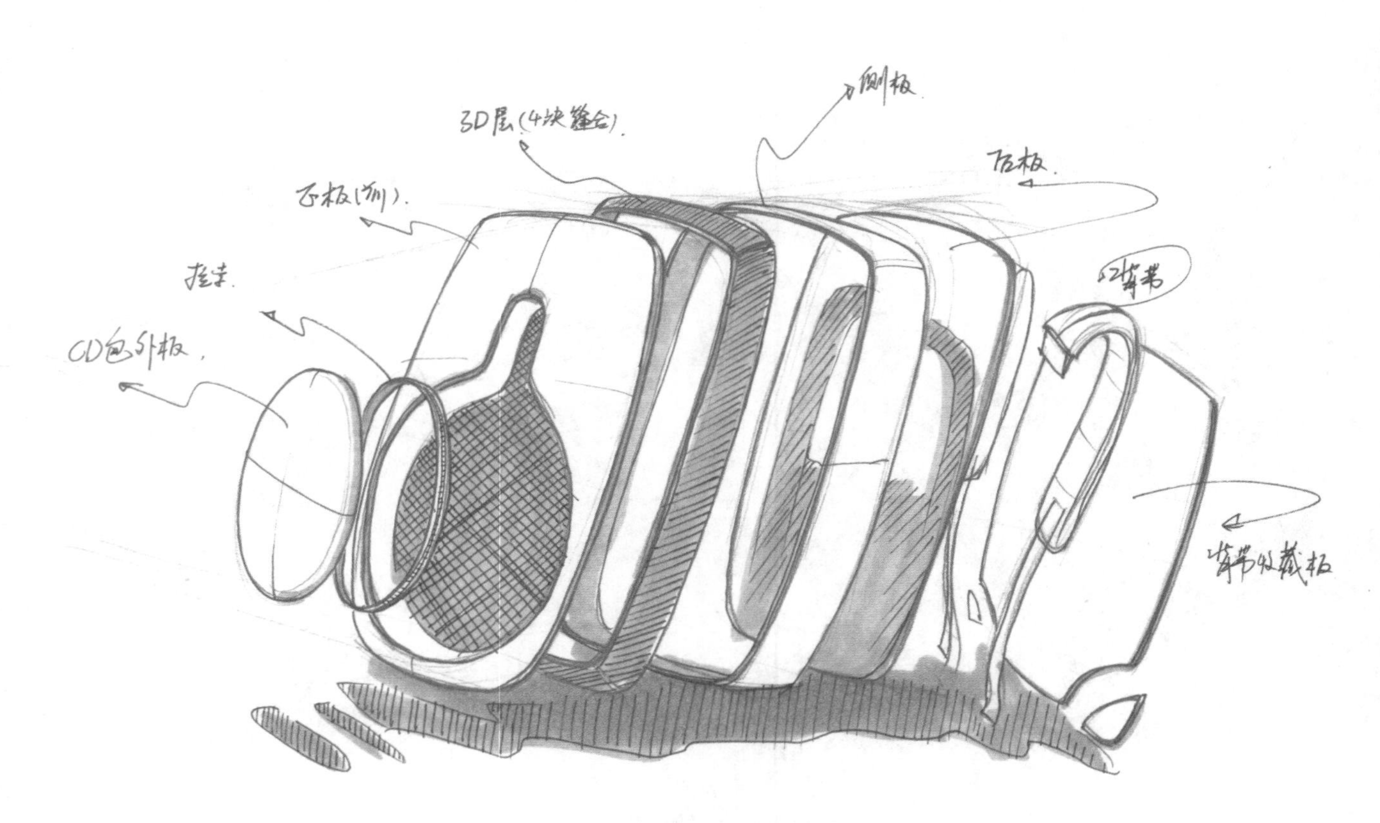

图6-54　计算机包设计的爆炸图

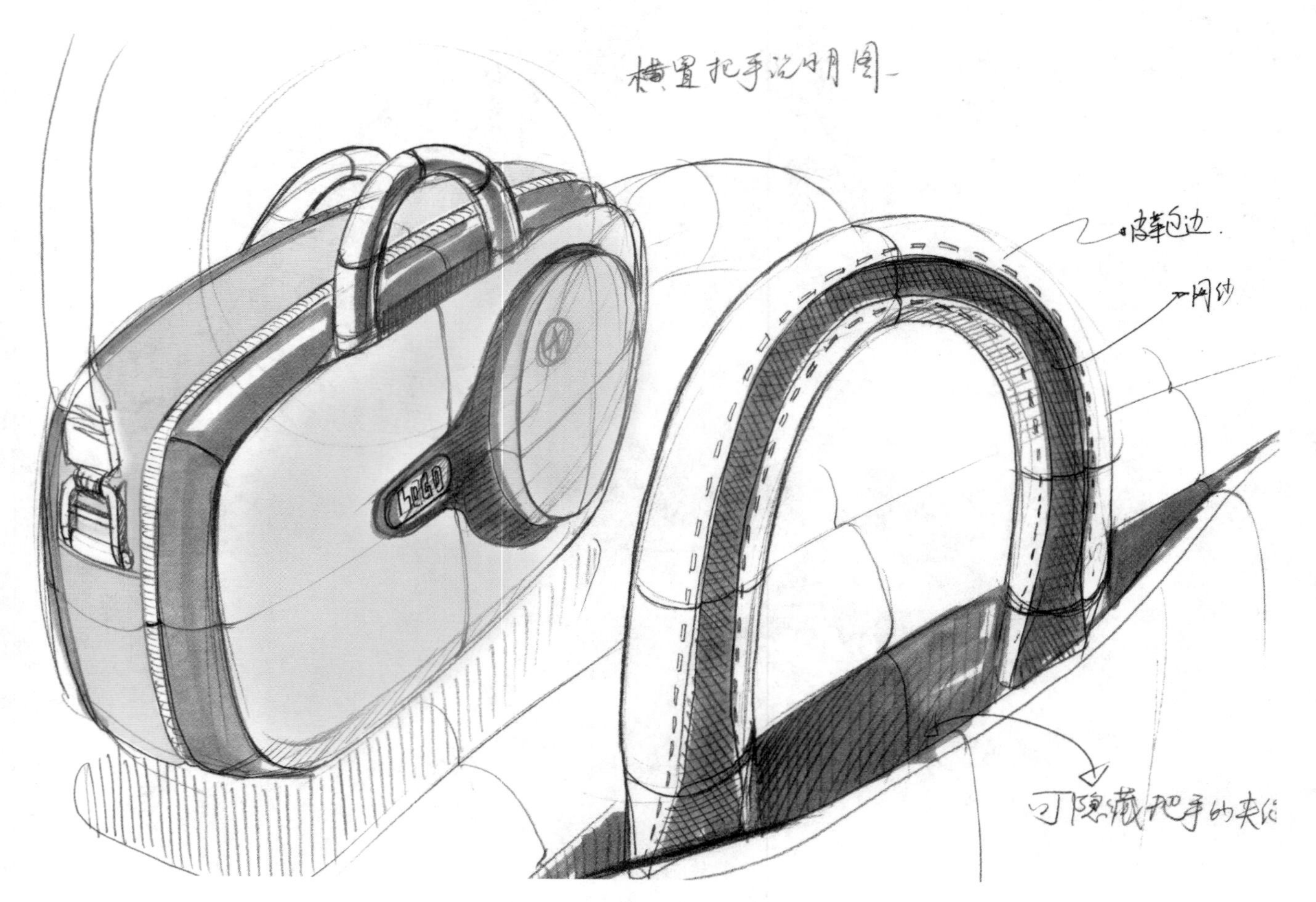

图6-55　马克笔上色表达材质感

图6–56的音乐数码笔记本包，把所有能想到的数码产品统统收入。这部分就要把产品细节结构确定下来，分析制作工艺，使用方式等。图6–57为音乐数码笔记本计算机包的最终效果图。

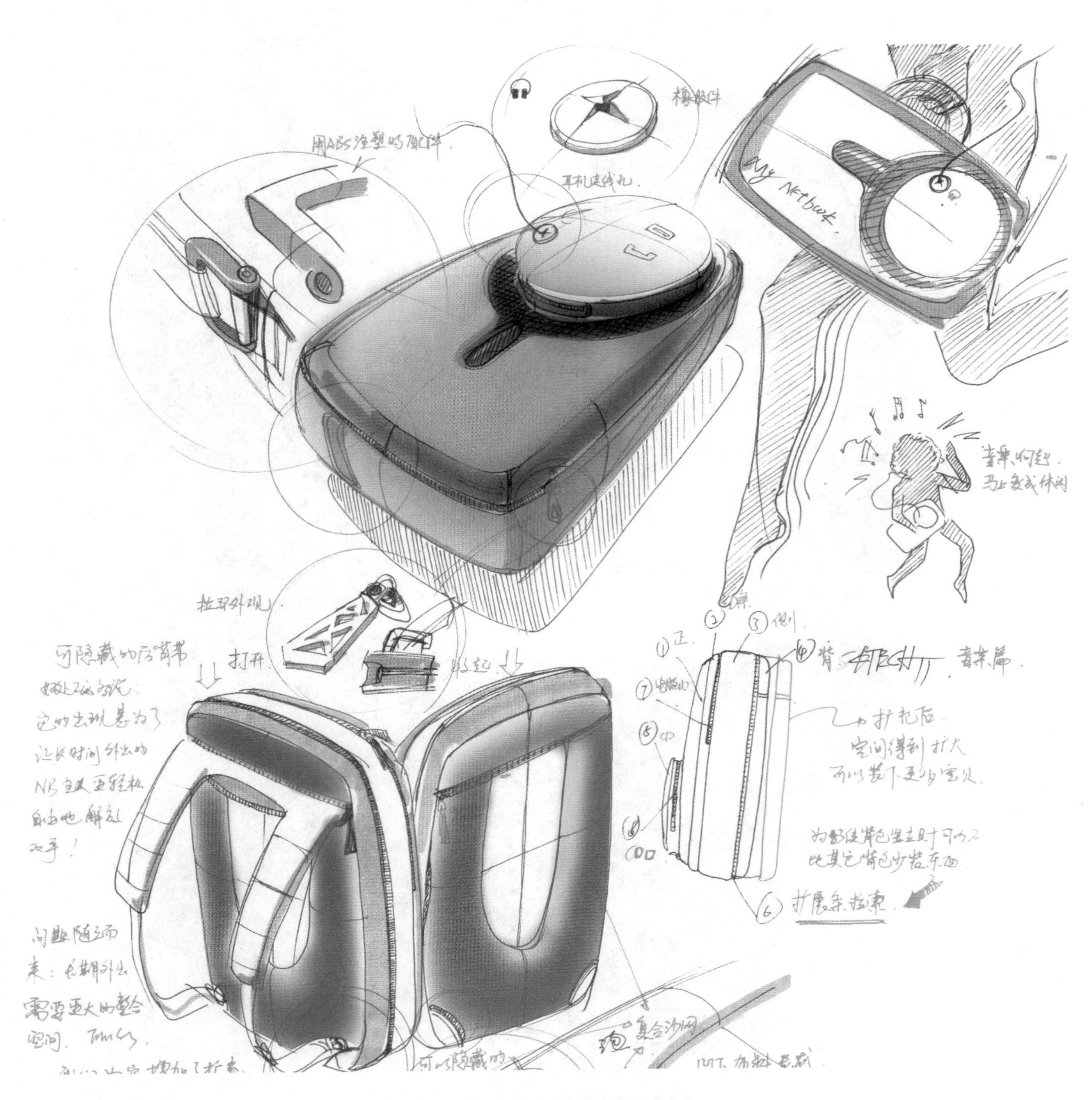

图6–56　音乐数码笔记本包设计草图

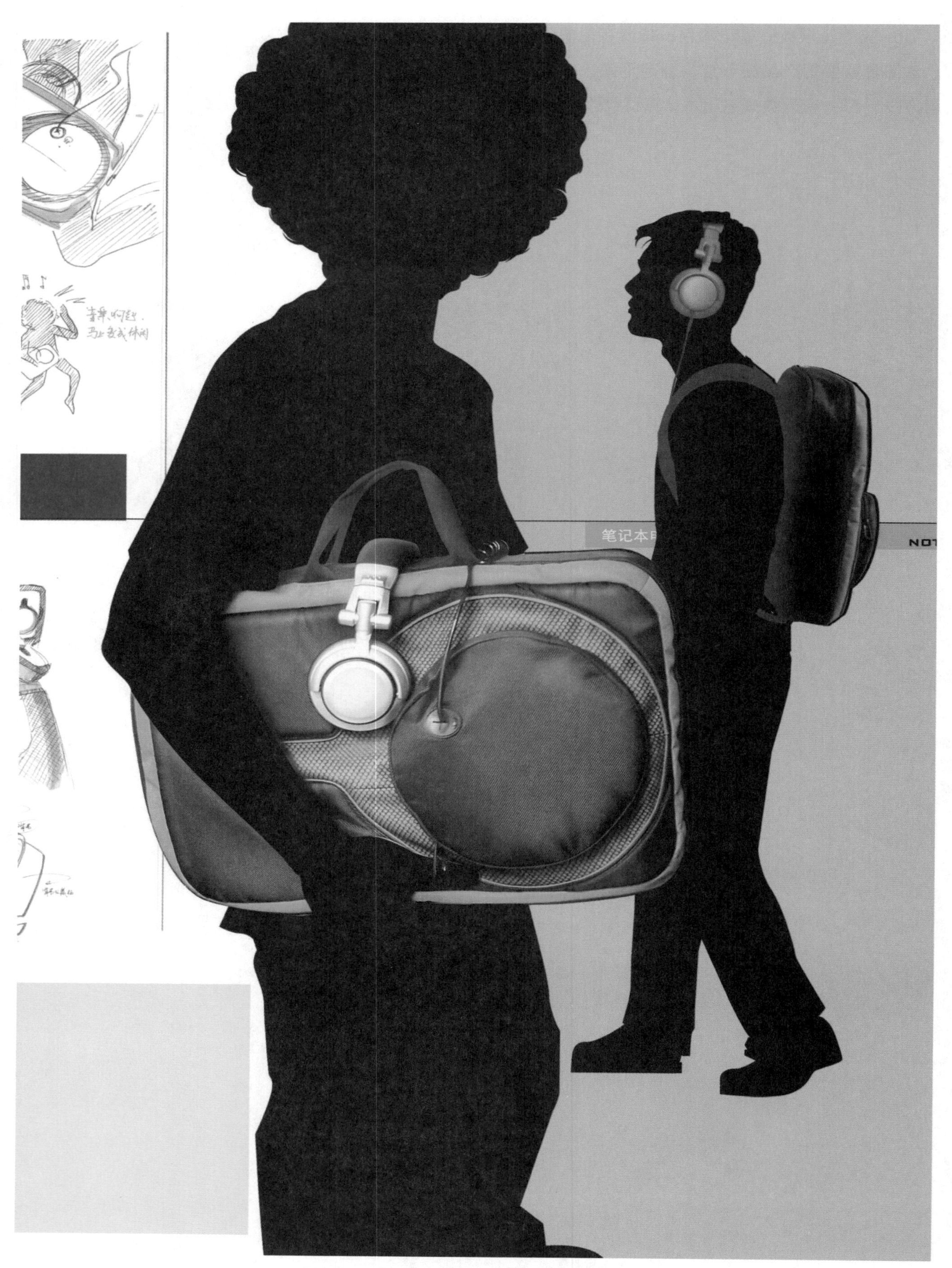

图6–57　音乐数码笔记本包设计最终效果展示

6.12　产品形态创意范例

图6–58至图6–62为一些产品的形态创意构思草图，图6–63为设计产品的效果图。

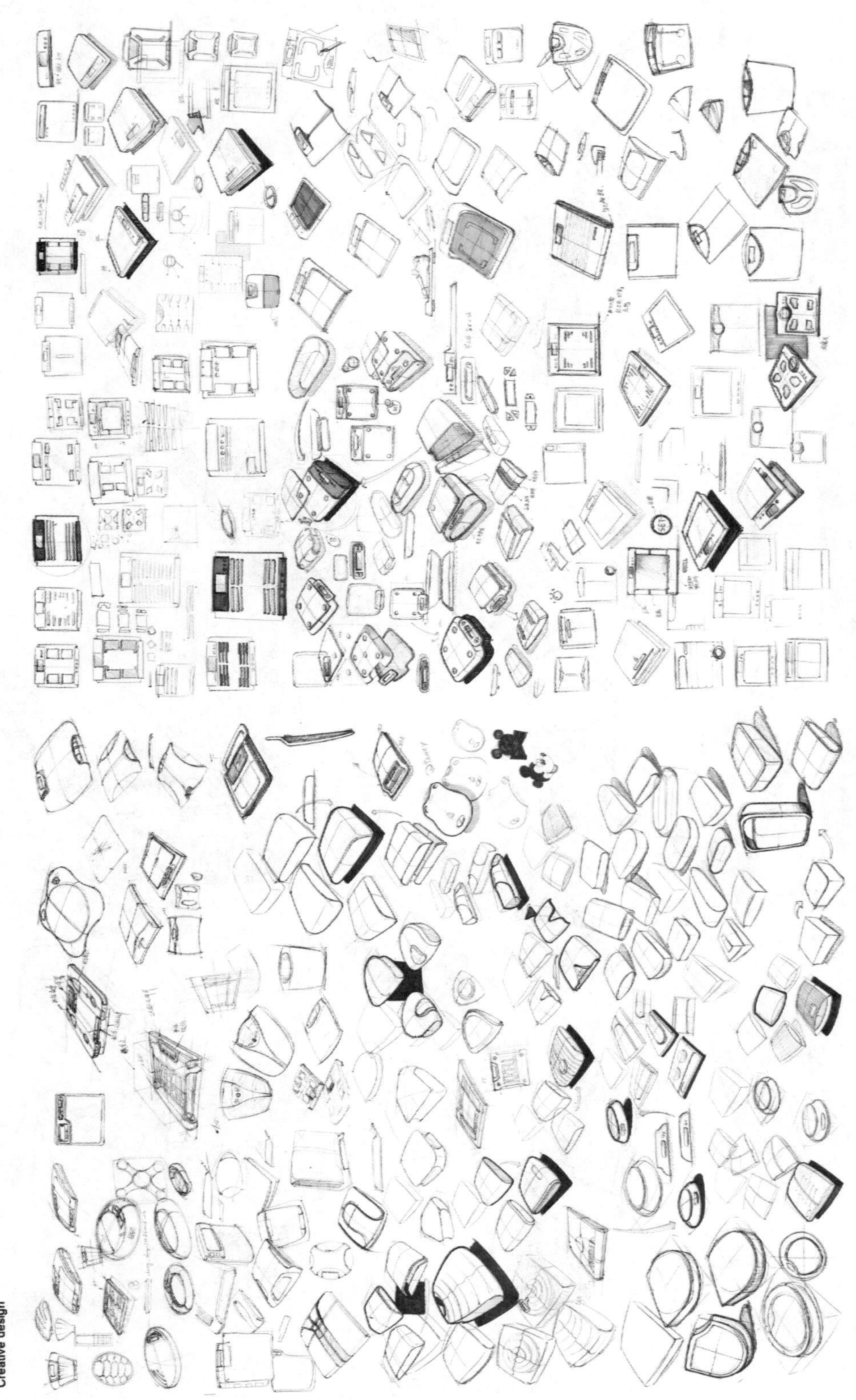

图6–58　形态创意构思草图一

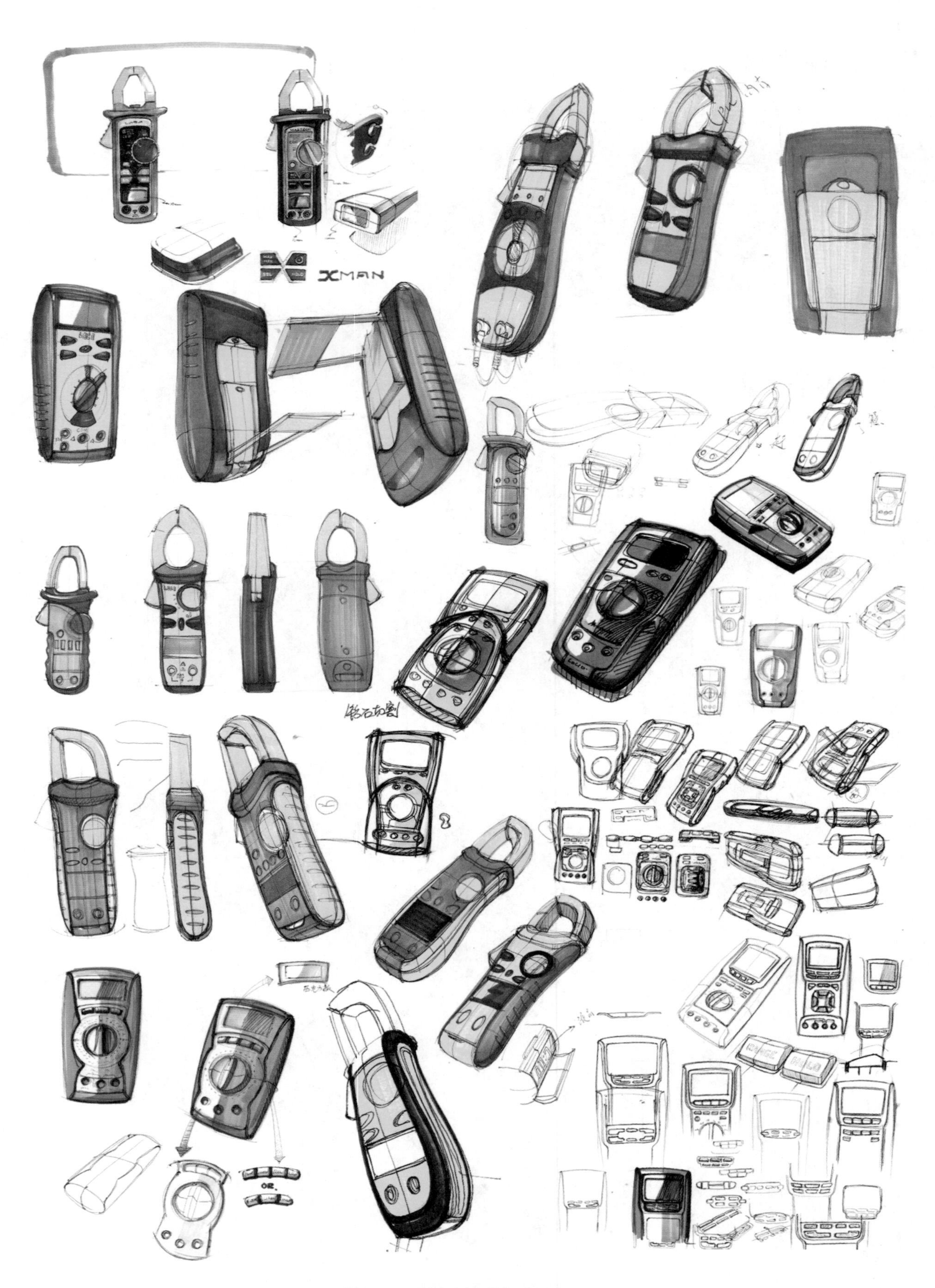

图6–59 形态创意构思草图二

图6–60　形态创意构思草图三

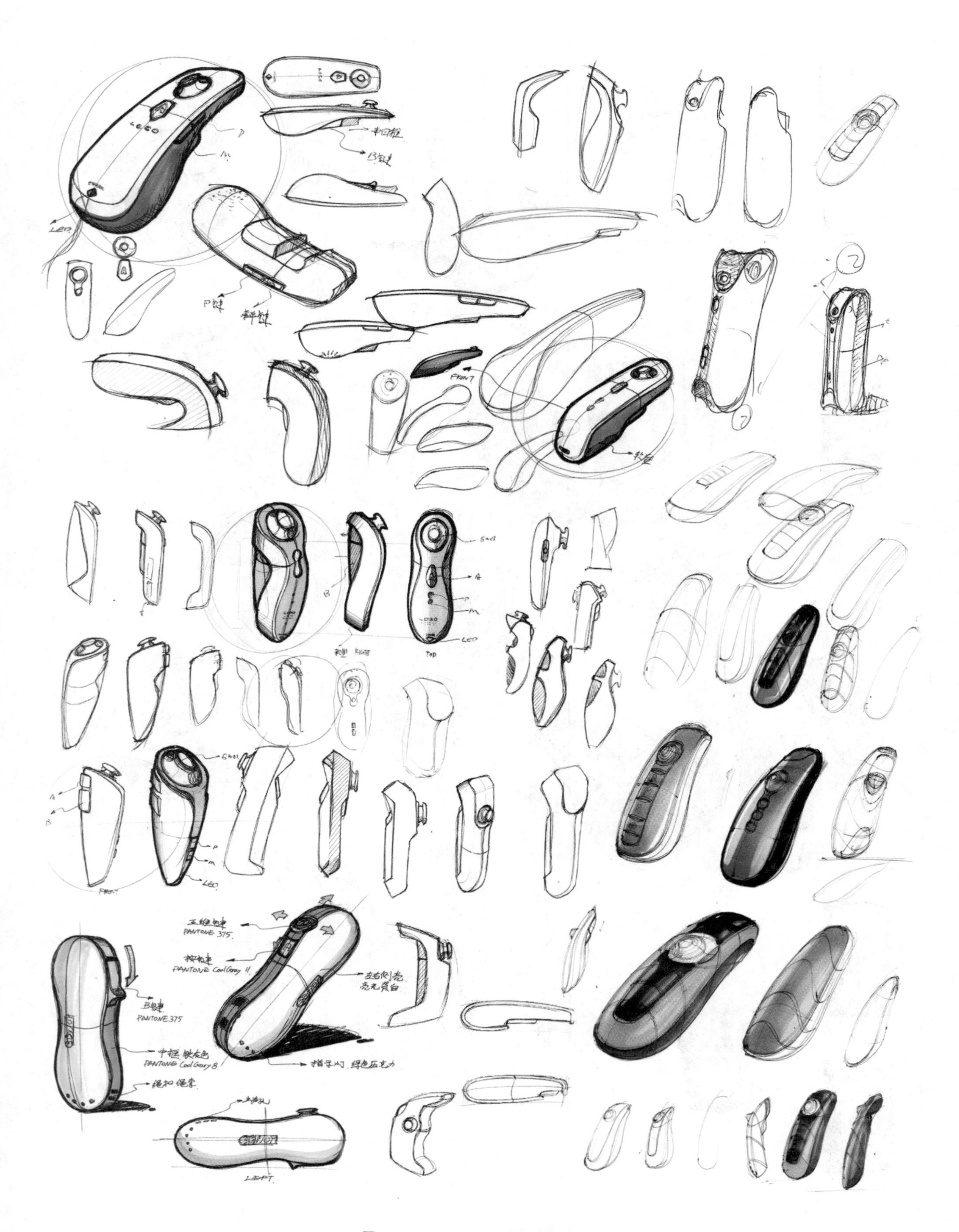

图6–61 形态创意构思草图四

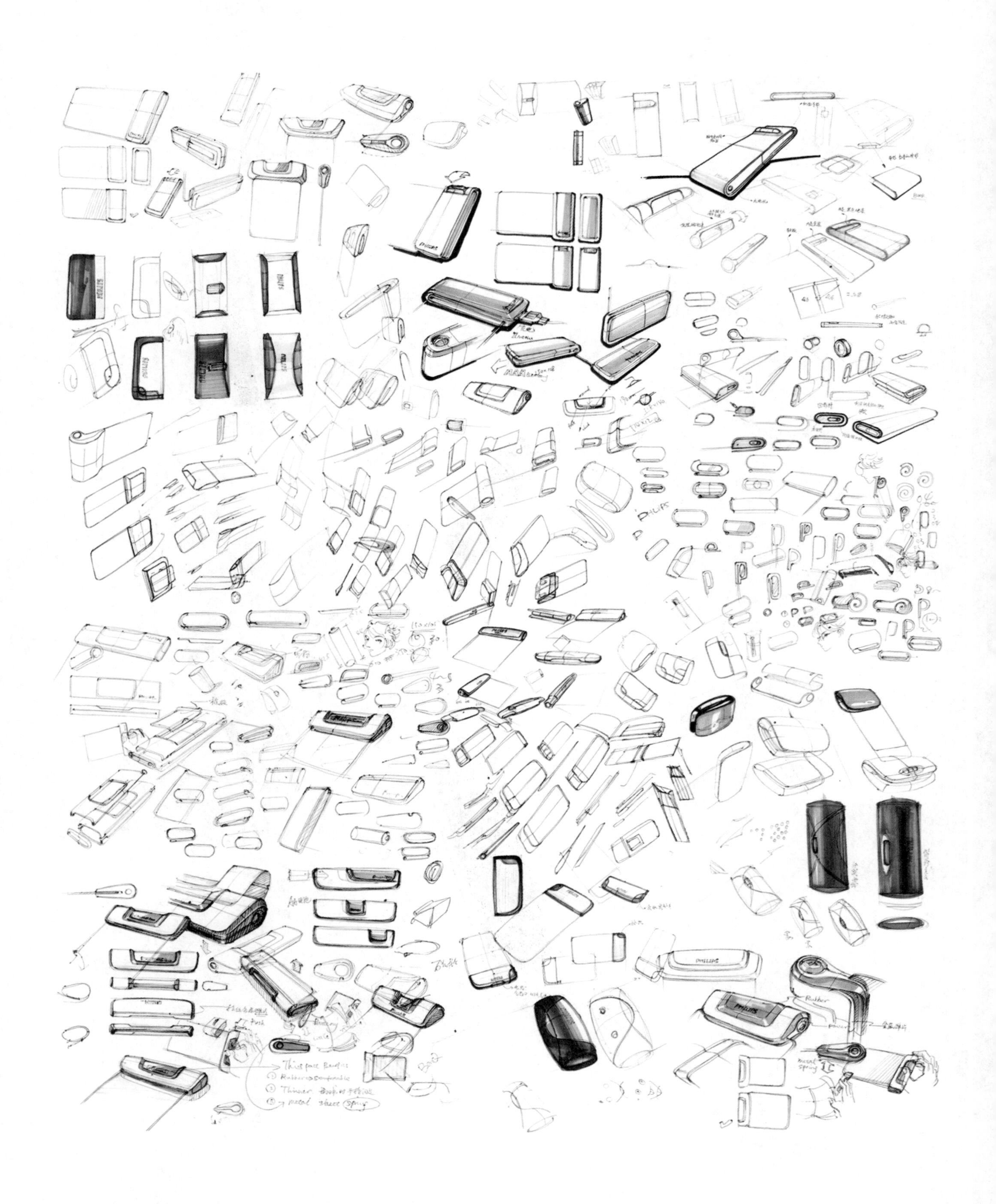

图6—62　形态创意构思草图五

图6–63 设计产品效果图

6.13 鞋设计

图6-64、图6-65为某款鞋的设计草图。

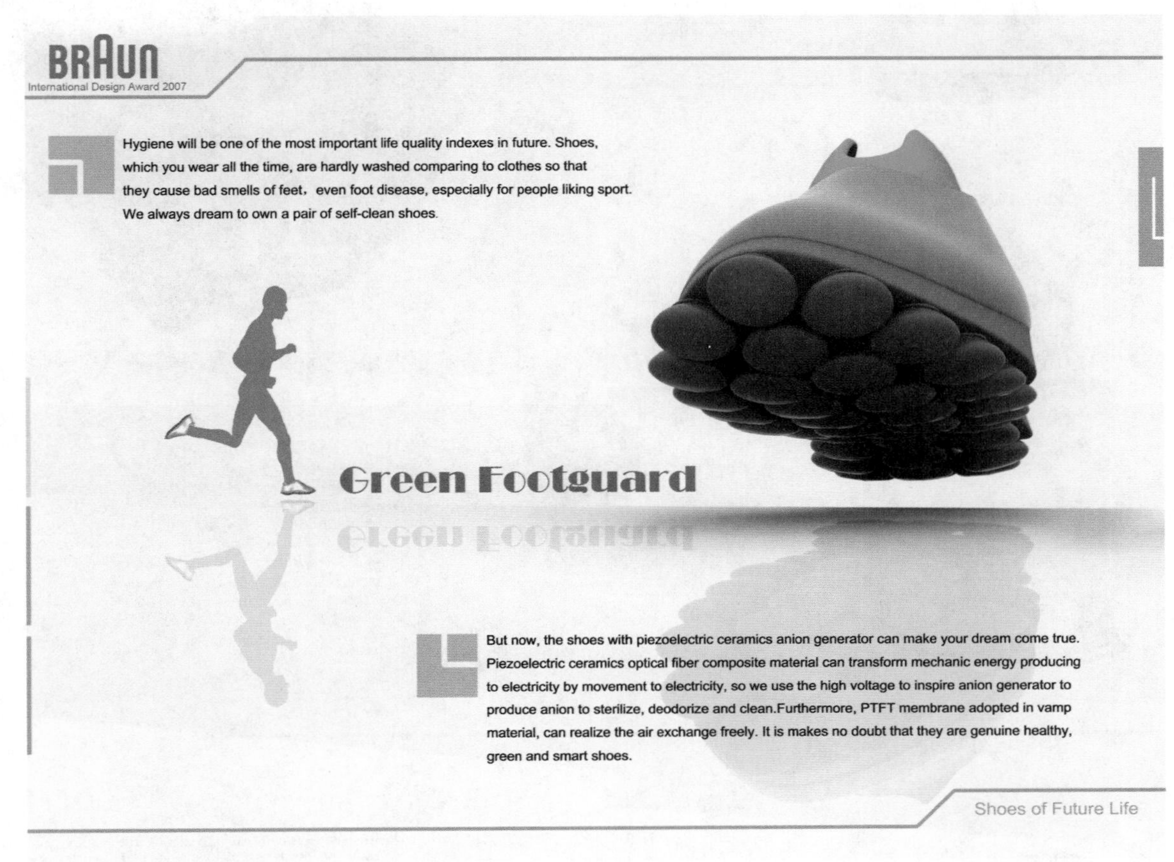

图6-64 鞋设计草图

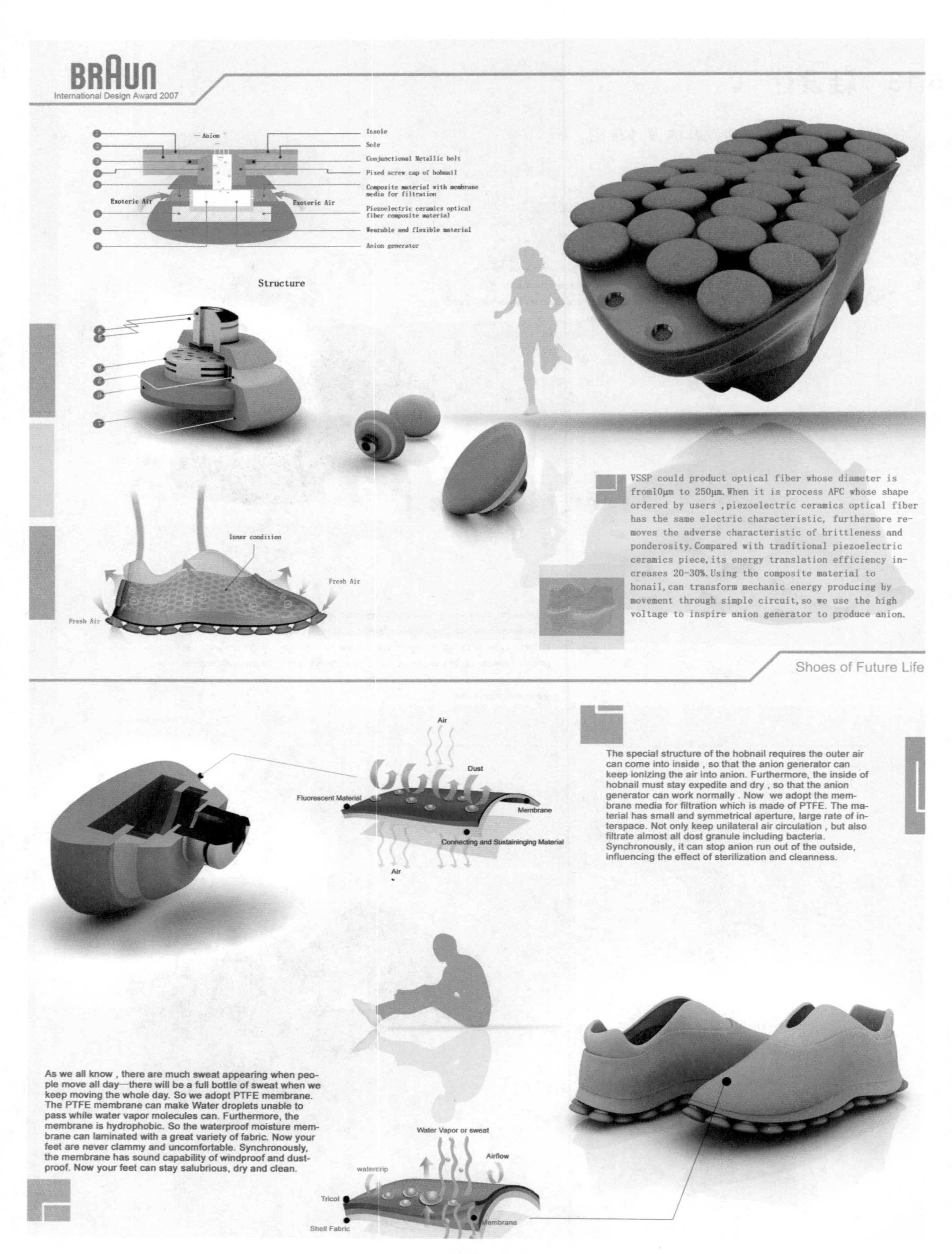

图6–65　鞋设计草图风格

本章小结

本章通过大量的实际设计案例，分析了最终实现产品的构思过程以及在这个过程中手绘起到的作用。本章选用案例大都来自优秀的毕业设计作品和优秀设计师的成功设计案例，在绘制风格上也各有特点，通过分析可以丰富我们手绘表达的方法内容。

本章习题

（1）任选3张案例进行临摹。

（2）任选生活中常见的一件物品进行单线快速写生，要求至少表现3个不同的角度，限制在15分钟以内完成，作业A3幅面。

（3）任选生活中常见的一件物品进行写生，要求至少表现3个不同的角度，采用马克笔表现，限制在20分钟以内完成，作业A3幅面。

（4）选择一件3C产品进行拆分，绘制爆炸图。作业A3幅面。

训练指导

（1）选择描绘对象最好是具有相对复杂的形态，适当增加一些绘制难度。

（2）画面构图要分清主次关系，构图美也是体现设计师设计水平的一个标志。

（3）临摹训练一方面是为了熟悉手绘技法，另一方面也是要通过分析、提炼一些有用的方法，不可盲目学习某种风格，手绘表现的目的是能完整、清晰地表达创意。

参考文献

曹学会，袁和法，秦吉安.产品设计草图与麦克笔技法[M].北京：中国纺织出版社，2007.

丁伟.木马工业设计实践[M].北京：北京理工大学出版社，2009.

刘和山.产品设计快速表现[M].北京：国防工业出版社，2005.

赵建国.工科类工业设计手绘效果图教学的培养[M].长沙：湖南科技大学，2008.

后 记

产品设计手绘表达是工业设计专业必修的基础课程，是从事产品设计专业的人员必不可少的学习内容，也是目前企业、设计公司需要的一种最基本的专业技能，手绘表达直接反映设计人员的专业素养和专业能力，很多设计公司和生产企业研发部门非常重视手绘表达，并给予手绘以新的解释和评价。越来越多的设计师关注手绘和手绘技巧，特别是结合了计算机软件处理和手绘两者的优点所形成的综合表达形式，已被很多设计人员所掌握和使用。所以在本书的编写过程中也对这些手绘新趋势方面在篇幅上有所侧重，增加了一些新形式的手绘作品展示。书中所涉及的案例包括汽车设计、移动通信产品、家用电器等等，所提供的案例覆盖范围广。为了方便学习与交流，对作品进行了详细的解说和分析，不只是在手绘技法上进行图解，在设计构思的过程与技法的关系上也作了大量的阐述，以期让读者能灵活运用这些方法到实际的设计创作中。

学习中要树立正确的手绘作用观，要注重手绘记录设计过程：构思—概念的生成—方案细化—精细图表达。整个过程体现实例产品的设计思维过程。并结合该实例进行设计表现技法讲解，这样就使手绘技法和设计构思过程完美结合到一起。

本书为高等院校工业设计专业的教材，能够让学生全面了解产品设计的表现技法，贯穿实例展示。案例选用设计频率比较高的产品种类，对工业设计专业学生进入社会工作比较实用，适合工业设计专业的培养要求。本书也可以作为其他产品设计类专业和高职设计专业必修课或者选修课教材，或者供相关专业硕士研究生、专业设计人员和工程技术人员参考，以期能为其设计实践提供启发和思考。

本书是作者在多年从事工业设计教学的设计表达、设计创新方法等课程教学所获得经验的基础上，结合多年设计实践创作而成的，所提出的方法具有专业学习的针对性。在本书的写作过程中，得到了海洋出版社邹华跃老师的帮助和指导，他们所提出的建议为本书的顺利完成起到重要作用，在此表示衷心的感谢。

特别感谢李东老师、徐博文同学和美国的LEWIS先生的大力支持以及焦雷雷、陈卫祥、张项瑜、郭之友等一线设计师的帮助，在此深表谢意。

本书经过几年的教学应用及实践打磨，重新进行了修订。工业设计手绘表达的内容和方法十分广泛，限于作者的学识及本书的篇幅，书中一定有不少不足之处，敬请读者指正。

朱宏轩

2016年8月于青岛